電力改革トランジション

再構築への論点

公益事業学会政策研究会 編著

日本電気協会新聞部

「電力システム改革」の改革に向けて

わが国の電力システム改革は1990年代に始まり2011年の東日本大震災以降本格化した。震災後の出発点となる2013年の閣議決定「電力システム改革に関する改革方針」では、改革の目的として、「安定供給の確保」、「電力料金の最大抑制」、「需要家の選択肢と事業者の事業機会の拡大」が挙げられていた。それを実現するための改革内容は、①広域系統運用の拡大、②小売及び発電の全面自由化、③法的分離の方式による送配電部門の中立性の一層の確保、である。改革は、3つの段階を経て実現されるとされた。第1段階：広域系統運用機関の設立、第2段階：電気の小売業への参入の全面自由化、第3段階：法的分離による送配電部門の中立性の一層の確保、電気小売り料金の全面自由化、である。そして、これらのプロセスは2020年度に完了した。

振り返れば、電力システム改革は市場構造を一変させるほどの大改革であった。しかし、現状でそれは1つの転換期にあるといわれる。その背景には、改革自体の不完全性、電力、エネルギーを取り巻く環境の変化、そして社会情勢の変化による社会的重要度の変化等々様々な要因が考えられる。

一般論として、どのようなケースであっても、実態ベースで完全な結果をもたらす制度改革はあり得ない。それは、新制度に移行した段階の状況について情報の不完全性は常に存在すること、制度改革が実現するまでに取り巻く環境が変化すること、そして改革を評価する社会的価値観が変化することに起因する——後者2つも情報の不確実性に含めて考えることもできる——。制度改革の不完全性をもたらす要因は他にも多く存在するであろうが、電力さらには広くエネルギー分野について言えば、複数の事象が複合的に変化したことによって電力システム改革の展開が迫られている。その課題は何であろうか。

その第一は、2013年の閣議決定の基本であった安定的な供給力確保のために、いかに電源投資を進めるかである。地域独占と総括原価主義による料金設定のもとでは、電源投資は極めて高い確率で将来的に回収が可能であり、事業者は大きなストレスを感じることなく投資の意思決定を行うことができた。システム改革後は、送配電部門が少なくても法的に独立した主体になるとともに、発電と小売りの間に「ミシン目」が導入され、しかも小売市場は競争にさらされることとなった。発電事業者からの卸売りは「内外無差別」が基本とされるが、末端市場での競争が存在する限り投資回収に不確実性が生じる。当然、電源開発の投資については慎重な態度が支配的になる。

もちろんこの点は当初から想定されており、そのため供給力確保のための容量市場が設計され2024年度から稼働することとなった（2024年度に向けた市場入札は既に行われている）。ただ、現状のように必ずしも十分な電源が確保されているといえない段階では、電源の安定的確保のためには既存電源の予期しない脱落等によって緊急に必要とされる発電容量を確保するため、「緊急電源」が必要とされることが明確になった。これをどのように確保するか、具体的には休止中の電源等を活用することになるが、このような事態は容量市場稼働後も当然想定されるものであり、システム自体の問題として対処されるべきことになる。

容量市場は、供給力確保のために理論上は有効である。しかし、基本的に市場機構のみでは長期的な（異時点間の）資源配分（将来的な電源投資）を最適にできない。これは、制度設計について述べた情報の不完全性に起因する。将来情報は制度も含めて不確実である。このような状況で投資の意思決定（しかも懐妊期間が長い電源投資）が適切になされるためには、市場機能を補完する形で不確実性を軽減する措置が必要であろう（総括原価主義はこのリスクをほぼゼロにする仕組みである)。2023年度からある意味で緊急導入されることとなった長期脱炭素電源オークションは、もちろんその主たる目的がカーボンニュートラルに向けた施策であることはいうまでもないが、この文脈で見れば長期的な電源確保の1つの手段である。

システム改革の課題として挙げられる第2の視点は、カーボンニュートラル実現に向けた対応である。すでに環境変化への対応の必要性は何度か強調したが、政策課題においてカーボンニュートラル対応が占めるウェイトは大きく変化した。

1992年リオデジャネイロ「地球サミット」とその「気候変動枠組み条約」に端を発する地球環境問題は、「京都議定書」を経て2015年の「パリ協定」において具体化することとなった(具体化と実行可能性を高めるために京都議定書から後退したとの見方もある)。変化の1つは途上国も含んだ世界的な流れとなったことだが、各国(特に欧州先進国)が気付いたことは、環境対応が通商政策に大きな影響を持つこと、それによってブルーオーシャンともいうべき市場が出現することである。

このような経済的誘因を含めて、各国における地球環境問題への国民的関心は大きく高まった。各国政府は温室効果ガスの排出量削減を中心的政策と打ち出し、競うように工程表と目標値を発表し実現策を公表した。それは、2020年9月発足の菅内閣も例外ではなかった。菅首相は同年10月26日に開会した臨時国会の所信表明演説で、国内の温室効果ガスの排出を2050年までに「実質ゼロ」にすることを表明した。それに呼応する形で策定されたのが、第6次エネルギー基本計画である。

東日本大震災以降の電力政策において、脱炭素問題が軽視されてきたわけではない。周知のように2012年には再生可能エネルギー電気の利用の促進に関する特別措置法(FIT法)による「再生可能エネルギー固定価格買取制度」が導入された。同制度によって、特に太陽光発電が急速に拡大したことも事実である（ただし、太陽光発電による電力調達価格が高すぎるとの批判は免れない）。ただ、それでも2050年カーボンニュートラルに向けては必ずしも十分ではなく、洋上風力発電等未開発の再生可能エネルギーの「画期的な拡大」が求められるに至っている。

太陽光発電、風力発電等の再生可能エネルギーは、天候や時間に影響される変動電源であるとともに、電源立地の適性が限られる。マクロレベルで見れば、電源の変動と偏在にどう対処するかが課題になる。まず、変動型の再生可能エネルギーの導入を進めるには、調整力の管理・確保の仕組みを構築する必要がある。現状で火力発電に大きく依存するわが国の電源構成を出発点とすれば、揚水発電や蓄電池の導入を進めるとともに、水素・アンモニアの混焼による調整電源自体の脱炭素化が効果的である。政策的にはこのような電源が国際ルール上も脱炭素電源として認知されること（例えば脱炭素燃料の CO_2 カウント問題）や、実現のための技術革新支援策、費用格差を是正する補助策等が必要である。

電源の偏在問題については、震災後のシステム改革で常に問題とされてきた広域運用の拡大と徹底が必要である。そもそも、地域独占で形成された送電ネットワークは、ネットワークを越えた運用に弱みを抱えており、それを解消する目的で電力広域的運営推進機関（OCCTO）が設立され、連系線強化が必要とされた。しかし、各送電会社を越えた全体最適的なネットワーク形成についてインセンティブ・コンパティビリティー（誘因両立性）となる解を自発的に形成することは困難であり、OCCTOを中心とする広域系統長期方針（マスタープラン）の策定と早期の具体化が不可欠である。現状では、2022年度末にOCCTOがマスタープランをまとめ、それに含まれる長距離送電をカバーする海底直流送電線の具体化策が

2023年の通常国会で成立した段階である。

最後に指摘されるべき課題は、システム改革がそもそも目的とした、消費者の選択肢拡大と供給の安定性確保の一層の推進である。自由化以降700余りに拡大した小売電気事業者に対しては、責任・規律の強化として事業モニタリングや告知強化を求める声がある。特に、ウクライナ侵攻に始まった燃料費高騰等の影響から「無責任な撤退」とも言われる問題が発生した。小売電気事業者には消費者に対する販売メニューや電源・経営に関する情報提供等の強化が求められる。

2022年後半から、旧一般電気事業者による不正や望ましからざる取引上の行為の顕在化が「頻発」した。電力システム改革の基本的方向性を損なうこの種の行為は厳に戒められるべきである。そのためには、発電・小売りの間の市場・取引環境について、長期、安定的かつ内外無差別を実現する枠組みが必要であり、喫緊の課題である。発電・小売間の電力市場は、大きく卸市場と需給調整市場に分けられる。電気が発電と消費の同時性という特性を有することがその主因だが、現状の電力システムは両市場の関係が必ずしも整合的でない。電力市場の効率的な運営、安定性の維持という観点からは卸市場と需給調整市場を同時に最適化するシステムが望まれている。そのための枠組み作りと、市場の情報の不完全性、非対称性を是正するための主体の確立が、システム改革の次の目標点ではないだろうか。

2023年6月

公益事業学会政策研究会　座長
武蔵野大学経営学部経営学科　特任教授　　山内　弘隆

Contents

第 1 章

乱流の中の電力システム

——再構築への論点を整理する

第1章　乱流の中の電力システム

2011年3月の東日本大震災と東京電力福島第一原子力発電所事故は、その後の電気事業制度を大きく変えるきっかけとなった。政府は2013年4月、「電力システムに関する改革方針」を閣議決定。従来の政策を「ゼロベース」で見直す方針を掲げた。

「改革方針」では①安定供給を確保する②電気料金を最大限抑制する③需要家の選択肢や事業者の事業機会を拡大する――という3つの政策目的が示され、電力小売り全面自由化や送配電部門の法的分離などが段階的に進められた。

しかしながら、改革の結果として表れたのは電力需給逼迫と電気の価格高騰であった。2020年度の冬季や2022年3月の電力需給逼迫警

報、6月の電力需給逼迫注意報発令など、安定供給が脅かされるだけでなく、燃料在庫不足による市場価格の暴騰、短期市場調達依存型新電力の破綻・撤退等、予期しなかった事態となった。

加えてロシアによるウクライナ侵攻などを背景とした燃料価格の高騰により電気料金は高騰、規制料金については各社が相次ぎ料金値上げを申請した。

こうした中、電力システムの安定とGX（グリーントランスフォーメーション）を念頭に、鍵となる容量確保方策、市場ルール整備、需要側の貢献に向けた政策強化等、電力システム再構築に向けた各種検討が動き出している。

電力システム改革の流れ

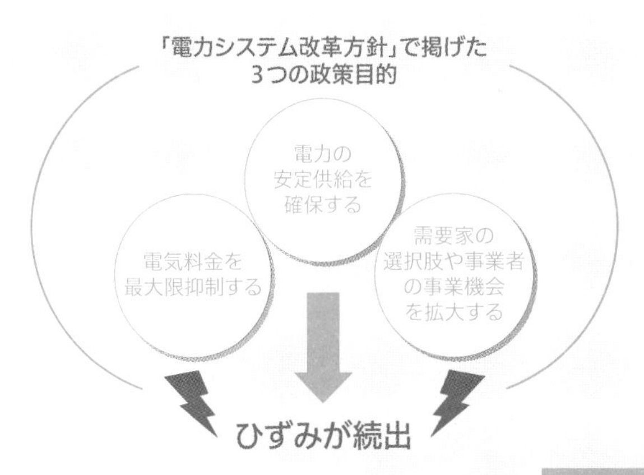

2022

燃料価格上昇に伴う卸電力価格高騰

ロシアのウクライナ侵攻に伴うエネルギー安全保障への懸念

2度の電力需給逼迫

料金高騰・規制分野値上げ

一部新電力の破綻・撤退

GX実現に向けた基本方針

需要サイドの貢献政策

1

再構築への論点を整理する

西村 陽

1）日本の電気事業の歩みと2020年代のエネルギー危機の状況

日本の電気事業は1945年の敗戦以降、ポツダム政令によって発足した地域別電力会社を中心とした供給体制の下で復興の歩みを進め、1980年代前後には電気の供給品質や設備において、世界の中でもトップレベルに達した。1974年、1979年の2度にわたる石油ショックは、原油価格高騰への対応、安定供給維持の両面で、日本の電気事業にとって大きな危機であったが、政策当局、事業者、国民経済が協調し、供給側では原子力発電やLNG火力発電の開発により脱石油を推進し、需要側では省エネルギー活動を定着させ、さらに需要抑制型の電気料金等を導入することにより、これを克服してきた。

1995年の卸電気事業の自由化から始まった日本における電力自由化は、2000年以降、小売り部門でも段階的に進められたが、その進め方は石油ショック時の反省に立ち、エネルギーセキュリティー重視の漸進的な手法が取られた。十分な供給余力や安定した価格、つまり、順調な電源開発・更新と自由化競争による価格の低下を両立させることに、ある程度成功していた。

変調が起きたのは2011年の東日本大震災以降である。2012年以降の日本では、原子力発電の長期停止により電力供給コストが上昇しているにもかかわらず、卸電力価格・小売市場価格が下がるという一種不合理なことが継続して起きた。これは、2013年3月からの大手電力による自主的な余剰電力限界費用玉出しという卸電力市場活性化策や、2016年電力小売り全面自由化による競争激化、燃料価格の低下、震災後の節電定着などが影響している。

さらに2012年にスタートしたFIT（固定価格買取制度）を背景とする再エネ導入拡大は、火力発電所の稼働率の低下をもたらした。こうしたことにより、発電事業は採算の極端な悪化を招くことになり、2020年前後で大量の火力発電所閉鎖を引き起こした（図表1-1）。

本書では、こうした経緯の中で、電力システム改革が一段落した2020年からのわずかな間に、日本の電気事業、電力市場、政策が直面した劇的な環境変化と、これに対応する電力システム改革再構築の状況を概観している。2020年6月に成立した改正電気事業法（エネルギー供給強靭化法）には、送配電事業へのレベニューキャップ制度導入も盛り込まれたことから、「電力システム改革の完成形」との見方もあったが、それは、むしろ再構築の序章に過ぎなかったことが、今や明らかになってきた。

図表1-1 発電事業の不採算化と発電所の閉鎖

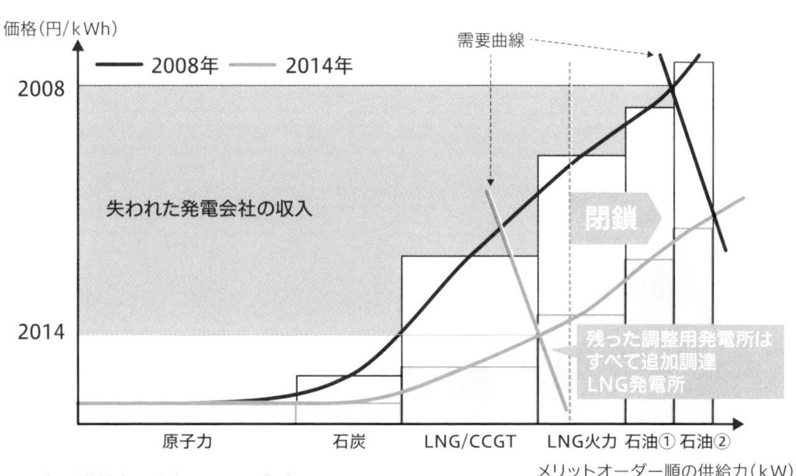

2008年は燃料高で電力需要も旺盛だったが、2014年は燃料安で需要も減少しており、需要曲線が左にシフト。発電会社の収入は激減し、火力発電所の閉鎖が相次いだ

出所：西村・穴山・戸田『未来のための電力自由化史』（2021年）

火力発電所閉鎖の影響を受けた電力需給逼迫が初めて起きたのは2021年1月である。長引く寒波の影響で需要が急増したが、予備力不足によって卸電力市場に投入される電気が不足し、一日前市場に依存していた新電力の多くが販売分の電気を調達できなくなった。またLNG燃料の在庫の不足から、ピーク時間帯以外も含め全時間帯で電力需給が逼迫した［第2、3章参照］。

その後、一旦は落ち着いた電力需給だが、2021年9月には発電用に追加調達する際のLNGの相場（JKM=ジャパン・コリア・マーケットメイク）、いわゆるスポット価格が、欧州の風力不調によって高騰した欧州天然ガスの代表的な価格指標であるTTFに連動して高騰し、日本の卸電力市場も高騰し始めた。これを境に、欧州のガス逼迫が直接、日本の卸電力市場に影響を与えるようになった［第3章参照］。

2）市場・ルールの再整備プロセスを直撃した2022年エネルギー危機

制度上の不具合による影響が大きくなってきたことから、国は、発電設備容量（kW）、再エネ大量導入に必要な調整力（⊿kW）、需給危機対応に必要となる電力量である継続的供給力（kWh）、それぞれを確保する市場の創設やルールの再整備を進めた。

発電設備容量については容量市場を創設。2020年（2024年度分）からオークションが始まった。加えて、長期脱炭素電源オークションなど新規電源に関する枠組みの整備に入った。調整力については、2021年から需給調整市場が立ち上がり、2024年までに調整力調達から制度移行することになった［第5章参照］。また2021年度冬季以降の需給危機対応では年ごとの供給力募集（kW公募）が行われている。加えて、停止中の石油火力発電所等の維持のための予備電源制度も整備される予定である。

こうした中で、2022年2月のロシアによるウクライナ侵攻を契機に、ロシアからのパイプラインによる天然ガス依存度が高い欧州を起点とし、途上国をも巻き込む世界的なエネルギーの大混乱期に入った。国際燃料情勢の厳しさは長期にわたることが予想される［第３章参照］。それは電力ユーザーにとっても深刻な影響を与えることから、日本の電気事業制度は、小売事業、卸売市場、発電容量確保［第２章参照］、再エネ増加に伴う需給調整力やフレキシビリティーの確保など［第４、５章参照］、あらゆる面での立て直しが必要になっている。

3）電気事業制度の再構築〜多様な課題に対応する仕組み

日本の電気事業制度はこのように多くの課題を抱えているが、これを基の地域独占・総括原価の時代に戻すことは、あまりにリスクとコストが大きく、実質的に不可能である。目下の電力需給情勢や、噴き出した制度の矛盾を考えると、系統運用システムをベースに組み立てられたいわゆる全面プールの運用に近い市場運用を考えざるをえないが［第５章コラム①参照］、そのためには電力取引所や関係機関、同時同量、託送供給約款などにおける複雑化したルールの再構築を順に行っていく必要がある。現在進められている制度の手直しは、その流れの中にあるといえる（図表 1-2）。

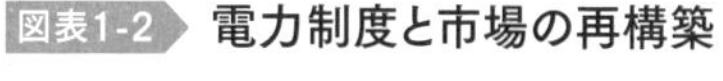

図表1-2 電力制度と市場の再構築

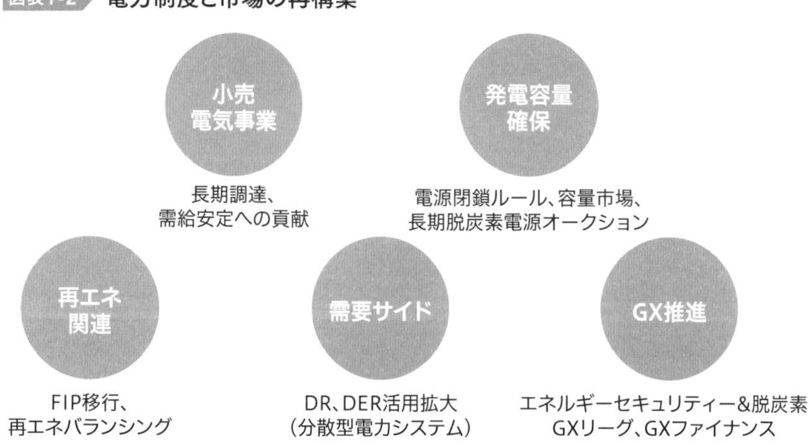

まず小売電気事業制度については、2021年の電力需給危機の反省に立ち、高騰するスポットLNG価格に対応するため、小売事業者に発電会社の相対契約や燃料・電力市場価格の先物ヘッジ等によって長期調達や需給安定への貢献を求める。また、2022年夏・冬の需給危機への対応としては、小売電気事業者のポイント制度によるデマンドレスポンス（DR）への補助政策も導入された。さらに小売電気事業者の健全性を担保するために定期的に事業者の財務的健全性を確認する、ストレステストの導入も検討されている。

また、制度面では、経過措置期間中の規制料金における燃料費調整制度と最終保障約款との関係、そしてユーザー保護と競争促進の関係をどう整理していくか今後の重要な課題となっている［第2章参照］。

供給側にかかわる制度の再構築は、主に2022年の電気事業法改正で定められた。具体的には、①電源閉鎖時のルールの明確化（発電事業者は廃止半年前に届け出）②電力広域的運営推進機関の発電容量確保への責任③今後登場が期待される系統蓄電池の位置づけの明確化（蓄電所）——である。発電容量確保に向けては、2024年から容量支払いが始まる容量市場の運営や、2024年に入札開始が予定される長期脱炭素電源オークション、随時調達される予備電源などの制度設計が進んでいる——など多岐にわたっている［第2章参照］。

さらに、今後も進展する再エネ大量導入の下で電力品質を維持するための再エネバランシングも大きな課題となる［第4章参照］。その際に大きな鍵となるのがDRをはじめとする需要サイドの電力システムへの貢献、すなわち分散型電力システムの構築である。それにはDER（分散型エネルギー資源）の普及拡大と、それを活用できるようにする電力ネットワークの次世代化、必要な取引プラットフォームの形成が中期課題となっている［第5章参照］。

4）GX推進と電力安定供給の両立

一方で、これらすべての電力制度・電力市場改革はエネルギー政策の中核であるGX（グリーントランスフォーメーション）の文脈の中で進められることになる。2022年に岸田内閣の下で発足したGX実行会議は、それまでやや分断していたカーボンニュートラル2050に向けた脱炭素政策と電力安定供給をはじめとしたエネルギー政策を統合し、再エネ推進の加速、原子力事業の立て直しといった脱炭素施策をエネルギーセキュリティーの確保・強化を前提として進めることとしている。

ここで重要なのは時間軸とイノベーションであり、グリーンイノベーション分野ではGX経済移行債の発行をはじめとする施策で民間からの脱炭素投資を呼び込むこととし、それに貢献するカーボンプライシングについてもGXリーグでの自主的取引をスタートに実効性ある枠組みにイノベーション創出を狙うこととしている［第6章参照］。

5）本書の構成と政策の焦点〜ジレンマとどう向き合うか

本書では、以下小売電気事業を中心に各市場の動向と安定供給確保策を概観した第2章、その背景となる国際燃料情勢の第3章で基本的な電気の供給・需要関連項目を解説し、再エネ大量導入と電力ネットワークの対応を扱う第4章、需要側の活用で再エネカップリングやフレキシビリティー創出を担う分散型電力システムについて第5章で説明する。第6章では政策の基礎付けとなっているGXと関連論点であるカーボンプライシングについて、第7章では日本と同じくエネルギー危機に直面している海外の電気事業について最新情勢を紹介する。併せて読者の助けとなるよう電気事業の基礎用語を付録としている。

2020年代の電気事業制度・電力市場は、再エネ大量導入を中心とする脱炭素と安定供給の確保、エネルギー危機の中のユーザー保護（電気料金への公的補助を含む）と新電力を含む競争の活性化など、多くのジレンマに直面している。その構造をよく理解し、対応を打ち出すことが強く求められる時期が当面続くと考えられる。

第2章

エネルギー危機下の電力ビジネス

第2章　エネルギー危機下の電力ビジネス

2022年2月のロシアによるウクライナ侵攻直後に跳ね上がったLNGスポット価格は、2021年秋から徐々に進んでいたエネルギー価格上昇を勢いづけ、世界をエネルギー危機に巻き込んだ。日本も例外ではなく、供給力不足と料金の高騰という2つの電力危機に見舞われることになった。

2020～21年冬にはすでに全時間帯での電力供給力不足というかつてない電力需給逼迫が起きていたが、春が来るとその状況は解消した。しかし2022年は、前述の通りエネルギー価格が高い水準で推移したのに加え、福島県沖の地震により火力設備が影響を受けたのをきっかけに、3月には東京・東北エリアで電力需給逼迫警報が、6月には東京エリアで電力需給逼迫注意報が発令されるなど、電力需給が危機的

2022年に顕著になった電力危機の概要

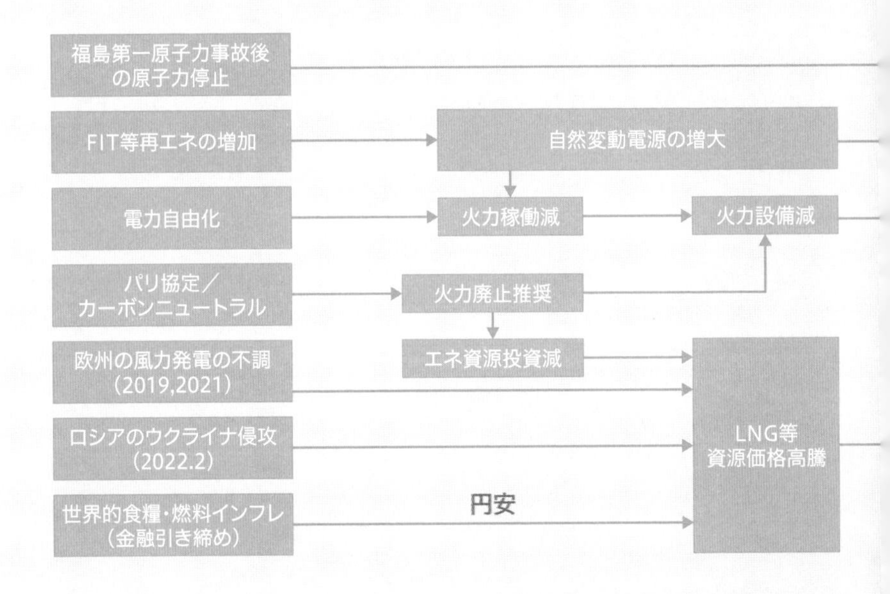

な状況に陥った。小売電気事業者の経営は悪化し、新電力の中には、事業撤退、倒産などを余儀なくされるケースが多数生じた。供給先を失った需要家が、最終保障供給を契約するケースも増加した。さらに低圧に残っている規制料金において燃料費調整制度の上限を突破し、10 社中 7 社が規制料金の値上げに踏み切ることになった。

この事態に対し、国・事業者は小売側、供給側、両面からの対策に追われた。小売側では、消費者向けの「節電プログラム」導入や、最終保障供給や高圧・特別高圧の標準メニューへの市場連動型の導入が行われ、供給側では長期脱炭素電源オークションや予備電源制度、電力取引市場ルールの見直しなどの議論を進めた。

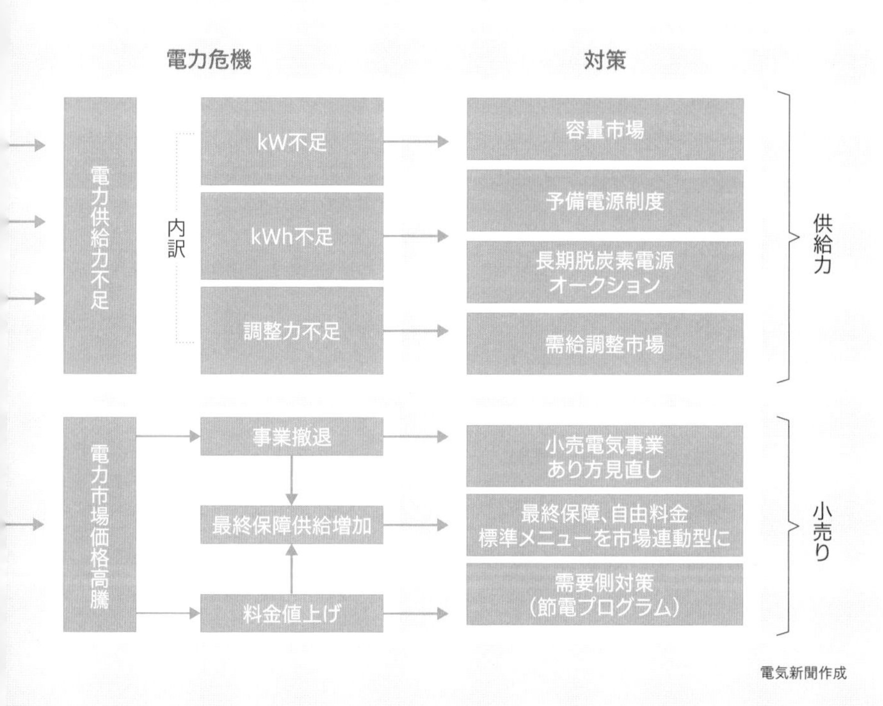

電気新聞作成

2 1

電力小売事業を取り巻く市場環境と市場制度

桑原 鉄也

東日本大震災をきっかけに電力の安定供給に対する不安が表面化したことにより、2013年から「電力システム改革」の検討が開始された。震災前までの「電気事業制度改革」によって成し遂げられた電力自由化の更なる進展とともに、積み残しになっていた課題の解決を図ろうというものである。電力システム改革は、2015年4月、第1弾として電力広域的運営推進機関が設置され、2016年4月には第2弾として電力小売り全面自由化が、2020年4月に第3弾として電力会社の送配電部門の法的分離が行われるという3段階で実施されることになった。

1）電力市場を活用した電力小売りの全面自由化

電力小売りの全面自由化は、低圧を含むすべての需要家を対象にしたもので、これにより一般電気事業、特定規模電気事業等の区分が廃止され、電力小売りを行う事業者は小売電気事業者として登録されることになった。

電力システム改革は、その主たる目的に、電気料金の抑制や需要家の選択肢拡大を掲げているが、市場機能の活用がそれらを実現する鍵の一つとされている。小売電気事業者には供給能力確保義務が課されているが、卸電力取引所（JEPX）からの調達も認められており、電源を持たなくても電力小売事業に参入できる。JEPXでは、スポット市場の活性化やベースロード電源市場の創設といった小売電気事業者の電力量確保手段の充実が図られてきた。加えて安定供給に資する需給調整や供給力確保においても、需給調整市場や容量市場を設置することとなった。電気事業制度改革以来の大命題である「自由化と公益的課題の両立」において、より市場活用への傾斜を強める形で、電力システム改革は進められたのである。

2016年の全面自由化以降、世界的な燃料価格低迷にも後押しされ、スポット市場の価格は下落傾向が続いた。電源を持たなくてもスポット市場で安い電気が手に入ること、全面自由化で潜在的顧客が大幅に増えたことにより、多くの新規参入者が現れ、2023年4月現在小売電気事業の登録者は700者を超えるまでに増加している。

2）進む火力発電所の閉鎖

小売電気事業者の業績が順調に推移する一方で、発電事業者の収益は低迷した。特に発電設備保有のシェアが高い旧一般電気事業者（以下、旧一電）は、2013年3月から市場活性化のため自主的に余剰電力の全量を限界費用で入札しており、その行動は電気・ガス取引監視等委員会にモニタリングされている。しかし、市場価格が低迷すると発電所の固定費回収が難しくなるため、国の脱炭素政策とも相まって、発電事業者は老朽化した火力発電所を次々と閉鎖していった（図表2-1）。

図表2-1 小売り全面自由化後の火力発電所の廃止実績

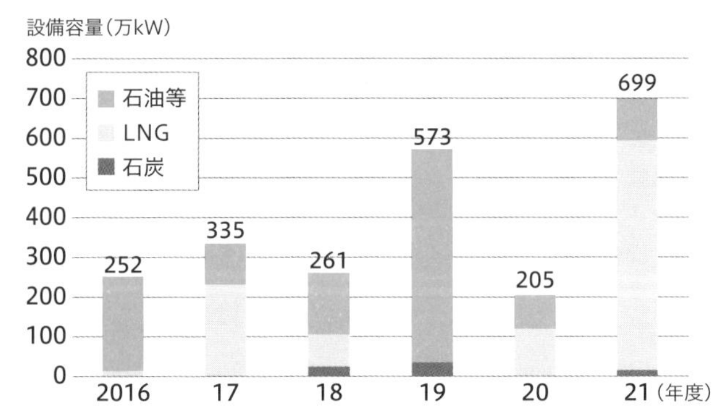

2016年度以降、旧一般電気事業者の保有する火力発電所は、LNGと石油等火力を中心に毎年度200万～700万kW廃止されている（平均400万kW）

出所：第54回総合資源エネルギー調査会 電力・ガス事業分科会 電力・ガス基本政策小委員会資料4-1（2022年10月17日）

3）電力市場価格の高騰と電力小売事業環境の悪化

低迷していた電力市場価格は、2020年秋から冬に発生した天然ガスの供給不足に端を発した燃料価格の急上昇に伴い、一時251円/kWhとなるなど史上最高値を記録するほどに高騰した。2021年2月以降は再び低迷したものの冬頃からは上昇、2022年2月にロシアがウクライナに侵攻してからは一段と高くなり、その後も高水準が続いていた。電力の市場価格は天然ガス価格と相関するが、発電所閉鎖による供給設備の減少がその相関をより高め、予備力が減少していることによる急激な価格上昇が起こりやすくなっていると考えられる（図表2-2）。

図表2-2　一日前市場の月平均価格推移（2005年4月〜2023年3月）

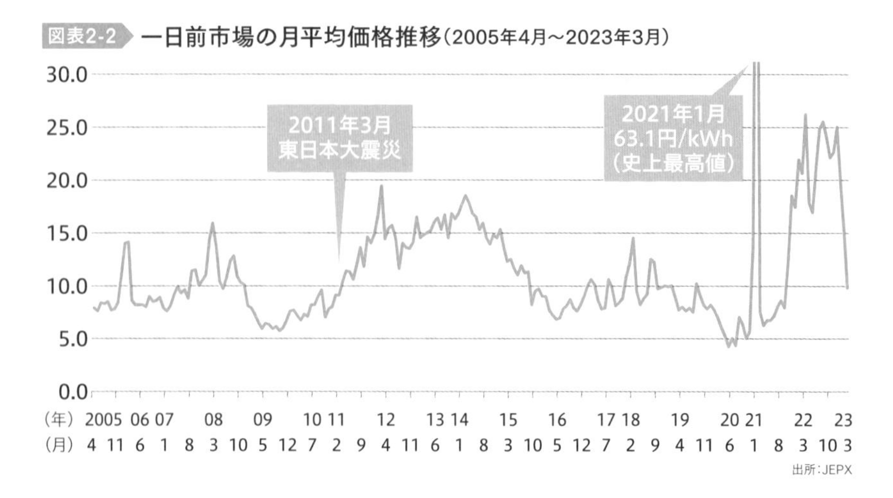

市場価格の高騰および高止まりは、市場依存度の高い新電力の収支を大幅に悪化させる。2023年3月時点で、80社以上の新電力が事業撤退もしくは倒産・廃業しており、100社以上が新規申し込みの停止等契約の制限を行うに至っている。それ以外の新電力でも、値上げ要請や市場価格の変動リスクを需要家に移転する市場連動型のメニューへの移行等を実施しており、需要家の離脱も増加している。

価格高騰の影響を受けるのは旧一電の小売り部門（会社）も同様であり、

旧一電各社でも高圧需要に対する標準メニューでの新規供給の受け付けを停止した。このため、事業撤退した新電力等からの「戻り需要」の一部は受け皿を失い、ラストリゾートである一般送配電事業者が提供する最終保障供給での受電を余儀なくされた。

最終保障供給は、どの小売事業者とも供給契約を締結できない需要家が、契約先が見つかるまでの期間、一般送配電事業者から臨時で供給を受けるもので、標準メニューよりも2割程度高い料金が設定されていた。このため、自由化以降、契約件数は低い水準で推移していたが、新電力の小売事業からの撤退に加え、旧一電も高圧以上の新規受け付けを一時停止、卸電力価格の高騰により最終保障供給よりも市場連動型の料金が高くなったこともあり、2021年1月頃から増加し始め、2022年10月にはそれ以前の数十倍に当たる4万5000件を超えた（図2-3）。一般送配電事業者は、最終保障供給のための電力を市場から調達せざるを得ないため、2022年9月からは各社が提供する最終保障供給料金には市場価格に連動する仕組みが導入された。

図表2-3 最終保障供給の契約電力および件数（2022年4月30日～2023年4月3日）

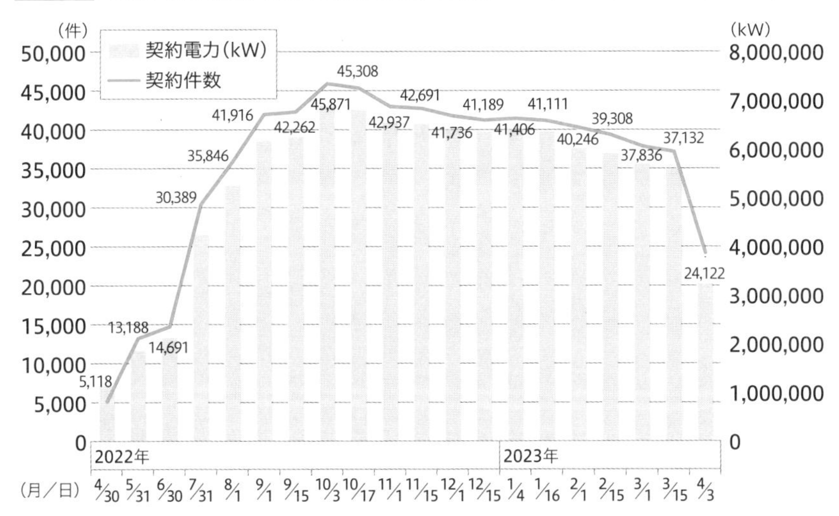

出所：資源エネルギー庁ホームページ 意見聴取・ニュースリリース（2023年4月17日）

高圧需要向け供給の新規受け付けを停止していた旧一電各社の多くは、料金の改定を実施した上で、2023年4月から新規受け付けを開始している。その結果、過去最高水準に積みあがった最終保障供給の件数はかなり減少している。

4）大手電力会社の収益悪化と燃料費調整制度、規制料金の値上げ

燃料価格の上昇による事業環境の悪化により、2022年度の旧一電各社の決算は、10社中9社で経常赤字となった。

収益を圧迫したもう一つの大きな要因は、低圧の規制料金における燃料費調整（以下、燃調）価格の上限であった。需要家保護の観点から、規制料金の燃調は、燃料価格が急騰しても計算の基準とする価格から＋50%を上限とし、それ以上の加算が行われないようになっている。だがウクライナ侵攻以降の燃料価格急騰により、エリアによっては計算された燃料価格が基準価格の数倍になっているケースもあり、燃料費の大幅な取り漏れが発生している。

燃調の基準価格は、規制料金約款の前回改定のタイミングの燃料価格で決まるため、その影響が事業者により異なり、供給を受けている需要家への影響もエリアごとにまちまちとなっているという問題も生じている。

こうした状況を受けて、旧一電系小売事業者7社が、規制料金の改定を申請し、2023年5月に認可された。料金改定の内容は事業者ごとに異なるが、燃調の基準価格が申請時点近傍の価格に改定されることにより、燃調費取り漏れ問題はかなりの程度、解消されると見られる。結果として、規制料金で契約している需要家の支払う金額は、2023年6月から15%強～40%程度上昇することになる。

燃調制度導入の際は、燃料価格下落の恩恵をいち早く需要家に還元することができる制度と言われていたが、導入後、燃料価格の上昇局面でこのような問題が発生して電力会社が料金改定せざるを得ない状況になるなど、

上限の存在自体が本来の趣旨である「経済情勢の変化を出来る限り迅速に料金に反映させると同時に、事業者の経営環境の安定を図る」ことの阻害要因となってきたとも言える。

既に旧一電を含む電力各社の自由料金についてはこの燃調上限を撤廃しているケースが多く、燃調上限が適用されているのはほぼ旧一電の低圧規制料金のみとなっている。新電力の中には、エリア旧一電の燃調に関わらない独自の燃調を適用する事業者も出てきており、この燃調上限設定の意義は小さくなってきている。

また、そもそも全面自由化しているのにも関わらず、規制された約款料金が存在すること自体にも課題はある。2016年の全面自由化時点で、「経過措置」として低圧需要の規制料金を残すこととなり、送配電部門の法的分離が実施された2020年4月以降、小売事業者間の競争が十分に進展したと判断されれば撤廃されることとなっている（図表2-4）が、2023年5月現在でも経過措置は続いている。自由料金の値上げで低圧約款料金が実質的に最も安くなっているようなエリアもあり、経過措置をどうするか議論はあるが、競争状況が後退しているともいえる現状において、規制料金撤廃の判断は難しいと考えられる。

図表2-4 小売り全面自由化以降の規制料金撤廃までの流れ

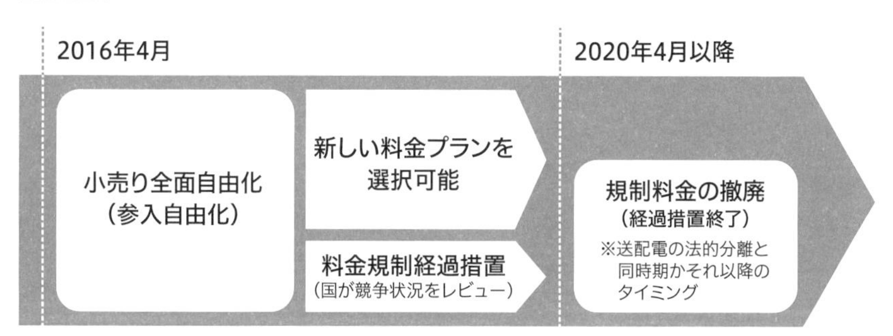

出所：資源エネルギー庁ホームページ「電気料金の仕組みについて」
https://www.enecho.meti.go.jp/category/electricity_and_gas/electric/fee/stracture/liberalization.html

5）燃料価格・市場価格の下落（2023年）

2022年度の冬季はラニーニャ現象の影響で厳冬になるという予測があったが、12月にラニーニャ現象の終息が観測され、2023年1月、2月は平年よりも気温が高い日が多かった。欧州でも暖冬になったことから、天然ガスの国際相場が下落し、2022年夏～冬にかけて月平均20円/kWh～25円/kWh程度で推移していたJEPX価格（システムプライス）は2023年3月にはついに同10円/kWhを切るまでになった。燃料価格の下落のみでなく、原子力発電所の再稼働等による供給力の増加により、2023年度の需給状況は2022年度より改善する見込みである。

JEPX価格の急落に伴い、2023年度の相対取引による卸電力価格も大幅に下落している。小売電気事業者にとっては調達コスト低落の恩恵を受けられる部分もあるが、2022年内に行われたベースロード電源市場を含めた下落前の相場で相対取引を実施し、リスクヘッジに努めていた事業者は、2023年度に大幅な赤字に陥りかねない状況である。新電力事業者の撤退が相次いだことを踏まえて、政府が小売電気事業者のリスク管理（体制）強化を先導している中で、こうなったことは皮肉としか言いようがない。

資源小国で、天然ガスのほぼ全てをLNGによる輸入に依存している日本においては、長期の燃料価格相場を形成するのが難しく、その結果として電力の先物価格も非常に不安定になっている。その中で資本力に乏しい企業が大半である新電力事業者がリスク管理を適切に実施していく仕組みを構築することは非常に困難であるといえる。

6）電力小売事業の課題解決へ向けた対応

電力システム改革の目的は、①安定供給の確保②電気料金の最大限抑制③電気利用の選択肢、企業の事業機会の拡大――とされているが、2022年度末時点で、これらの3つの目的が達成されているとは言いがたい状況である。

電力小売事業全体で様々な課題が表面化している状況において、その目的達成に向け、短期的な対応策から電気事業制度自体の見直しまで、課題解決のための種々の施策が検討および導入されている。

❶需給逼迫対策

当面の需給逼迫状況に対しては、2022年度夏季および冬季にデマンドレスポンス（DR）を促し、節電した需要家に小売電気事業者がキャッシュバック・ポイントバックを行う「節電プログラム」に補助金を出している。また、価格高騰対策、特に前述の燃調上限撤廃による低圧需要家の電気代への影響緩和のために、2023年4月から「激変緩和措置」として、電気代の割引原資を小売電気事業者に提供、小売電気事業者が割引を実施する対策を行っている。

❷電源調達対策

市場価格が不安定化していることにより、小売電気事業者の安定的な電源調達が困難になっている。それに対し、旧一電の発電部門には、自社小売部門と他社への卸販売を差別的に行わないことが求められている（内外無差別）。また、ベースロード電源市場での取引量・価格の適正化のための制度見直しやスポット市場と時間前市場、需給調整市場間の課題を整理し、安定供給と効率性の両立を図る市場制度の検討等が行われている。

発電設備の閉鎖等に起因する供給力の不足に対しては、2020年から実施されている毎年度の容量市場に加えて、新規の非化石電源への投資を促すため「長期脱炭素電源オークション」の開始が決まっている。休止中の火力発電所等を活用する「予備電源制度」についても導入が検討されている。小売電気事業者には、供給力確保義務が課され、これらの制度導入により発生するコストを負担することになる。

❸小売電気事業者の審査強化ほか

新電力の相次ぐ撤退や供給停止を受けて、小売電気事業自体の在り方についても議論が行われている。参入・退出障壁が低すぎたことへの反省に鑑みて、事業開始時の審査や撤退への規律強化、現存する小売電気事業者のリスク管理状況への監視等が検討され、それらを織り込んで「電力の小売営業に関する指針」のほか、「適正な電力取引についての指針」の改定が行われた。

昨今の情勢は、小売電気事業（者）にとって、これまでのビジネスモデルを根底から覆さなければならないような大きな変化である。小売電気事業に関する制度の見直しを踏まえて、事業者自身の戦略・方針も変化させなければならない。まさに「小売電気事業の在り方」が問われていると言えるのである。

参考文献

帝国データバンク　特別企画：「新電力会社」事業撤退動向調査（2023 年 3 月）
https://www.tdb.co.jp/report/watching/press/pdf/p230309.pdf
資源エネルギー庁 HP 「政策について－電気料金および電気事業制度について」
https://www.enecho.meti.go.jp/category/electricity_and_gas/electric/fee/

2 2

当面の危機を どう乗り越えるか

阪本 周一

2021年1月の日本卸電力取引所（JEPX）スポット市場高騰で表面化した電力供給力減退は、2021年度以降もテコ入れされることはなく推移、2022年3月22日の需給危機をきっかけに実情は国民にも広く知られるようになった。政府は需要抑制でこの危機を乗り越えようとしているが、その成否は現時点では明らかではない。

1）顕在化する需給危機

2022年3月16日に福島県沖地震があり、東日本の主要な発電ユニットが停止した。ここに季節外れの寒波が襲来し、需要急増、太陽光稼働不調、地震に因らない発電所の計画外停止が重なり、3月22日に時ならぬ需給逼迫に見舞われることになった。

ところで電力需要に対し供給余力がどの程度あるか示す「予備率」は、常時8%以上、最低限3%は必要とされている。22日と23日の予備率が3%を切る恐れがあると予測した東京電力パワーグリッドは3月21日18時頃、経済産業省へ「22日に6,000万kWh（需要全体の約10%）の節電が必要」との説明を行った。これを受け経産省は同日20時には東電エリア内に需給逼迫警報を発令、22日11時30分には東北電力もこれに追随、同日14時45分に経済産業大臣が緊急会見で更なる節電要請を行った。並行して行われた火力発電所の出力増加、自家発電のたき増し、他エリアからの電力融通、大口需要家への節電要請が功を奏し、停電は回避された。

この反省を踏まえ、供給力確保策、電力ネットワーク整備、需給調整のオペレーション、節電要請の手法・タイミング、需要抑制策の在り方等が経産省の各審議会を中心に議論された。

世間的には「いきなり」という受け止め方が多かったかもしれないが、実際にはその前の2022年1月6日（降雪日）にも危機はあった。デマンドレスポンス（DR）[第5章参照]の発動、自家発のたき増し、定格出力を超えて発電する火力増出力運転、供給信頼度低下を伴う連系線マージン（電力系統の安定運用などの目的で、連系線の運用容量の一部として電力広域的運営推進機関が管理する容量）利用、供給電圧低下と手段を総動員して予備率3%を維持したのだが、もし翌7日も悪天候の場合、揚水発電が枯渇して停電に至った可能性もあった。

ここに至るまで、原子力再稼働が進まず、安定電源である火力も限界費用玉出しの実質規制[第2章-1参照]で固定費回収が停滞。さらに電力需要が少なく発電機の出力制御が必要となる場合、再エネを優先的に稼働することとなっているため（優先給電ルール）、火力の稼働率が低下し変動費回収リスクも上昇（調達した燃料をさばき切れず逆ザヤ放出のリスク）、そうした中で電源退出が進行していた。2030年度時点の長期エネルギー需給見通し（第4次エネルギー基本計画に基づき2015年に策定）においても火力・原子力の両安定電源削減の方向が定まる中、新規投資も停滞し、安定的な供給力は既に失せつつあった。

2）節電プログラム

2022年6月末、停止点検中の火力電源の復帰がそろわない時期に東電エリアはこの時期にしては異例の猛暑に見舞われ、予備率が5％を下回るなど需給逼迫が見込まれた。同年3月22日前と同様の対策が講じられ、今回は警報ではなく注意報が初めて発令された。

一段落したところで、「供給力確保策、ネットワーク整備には（既に検討もしているが）所要日数がかかる」という認識もあったのだろう、政府は活路を節電に求めた。即戦力電源が不足する2022年度冬用に投入されたのが、1,784億円の予算を確保した「電気利用効率化促進対策事業（節電プログラム）」である。需要家は参加するだけでポイント付与、高圧は需要場所が何地点あっても1社20万円までと、簡便性を優先した。小売電気事業者への資金援助はシステム費用、人件費含め一切なし、需要家へのポイント付与は事業者がまず持ち出しという厳しい建て付けにもかかわらず287社の参加、販売電力量比では95%超の参加があった。従来、DRに対し小売各社は熱心とはいえなかったが、今後は真摯に取り組む契機となるだろう。ただし、プログラムの効果が明らかになるのは、本書の発刊以降となる。販売電力量比95%といっても、削減幅にはおのずと限界がある。

3）電気料金激変緩和措置

火力燃料価格は以前より高騰傾向であったが、ロシアのウクライナ侵攻をきっかけに一段の上昇を見た。旧一般電気事業者（以下、旧一電）の小売部門が提供する規制料金（以下「規制料金」）［第2章-1参照］に係る燃料費調整単価が上限に達しはじめ、販売価格が仕入れ価格を下回る逆ザヤが現実となった。

規制料金はベンチマークとしても機能しており、新電力小売りはベンチマークからさらに値引きした額を販売単価としているので、同様に逆ザヤとなる。旧一電はまず自由料金を改定、次に北海道、東北、東京、北陸、中国、四国、沖縄の7社が2023年1月までに規制料金の改定を申請。新電力も同様に値上げ、もしくは顧客のリリース（供給停止・契約更新の停止）、市場連動料金の採用等で追従した。いずれも需要家にとっては値上げになるため、政府は値上げの影響緩和へ、低圧7円／kWh、高圧3.5円／kWhの料金補填を2023年2月料金から行うこととした（期間は同年9月まで）。節電要請をしている期間中の料金補填であるため、政策の方向性が一意ではない点があるが、まさに窮余の一策といえる。

参考文献

第 47 回 総合資源エネルギー調査会 電力・ガス事業分科会 電力・ガス基本政策小委員会 資料 3-4（2022 年 4 月 12 日）
https://www.meti.go.jp/shingikai/enecho/denryoku_gas/denryoku_gas/pdf/047_03_04.pdf
第 52 回 総合資源エネルギー調査会 電力・ガス事業分科会 電力・ガス基本政策小委員会 資料 4-3（2022 年 7 月 20 日）
https://www.meti.go.jp/shingikai/enecho/denryoku_gas/denryoku_gas/pdf/052_04_03.pdf
経済産業省・資源エネルギー庁ホームページ
https://denkigas-gekihenkanwa.go.jp/

2 3

電力取引市場における ルールの再構築

阪本 周一

需給逼迫をきっかけに卸電力取引市場の価格水準とボラティリティー（変動性）が急上昇し、副作用が各所で出るようになった。

1）ベースロード市場の制度見直し（内外無差別）

安定電源の急速な後退が止まらない中、燃料価格上昇と相まって、2021年1月以降、市場価格は高止まりしている（JEPXスポット市場では、2022年のシステムプライス年間平均が22円台前半で推移。年間平均6円台前半と過去最安値を記録した2020年の3倍超となった）。さらに、発電・小売電気事業者の電力需給の計画値と実績値が乖離した際、調整費用として一般送配電事業者に支払うインバランス料金単価の切り上げが行われ（2022年度から200円/kWh、2024年度からは600円/kWh）、これに伴う同時同量コストが増加。相対調達可能量の相対的減少もあり、新電力各社は「JEPXスポット（一日前）市場と異なり固定費が織り込まれるため割高」とそれまで軽視していたベースロード市場からの調達に活路を見いだそうとした。

ベースロード対象電源は地熱、原子力、一般水力（流れ込み式）、石炭火力であるが、原子力の再稼働が遅延する中、対象電力量における石炭火力の比率が増えている。ベースロード市場の約定単価には燃料費調整を織り込まないことになっているのだが、2021年以降、一般炭市況はうなぎ上りであり、前年度に計4回行われるベースロード市場オークション時点では次年度の騰勢がどのレベルになるのか判然としない。高騰に伴う逆ザヤを懸念した一部の旧一般電気事業者（以下、旧一電）がリスク分を目いっぱい加算した結果、2023年度向けオークションの東日本の約定価格は下記（図表2-5）の通りで30円/kWhを超える高値で推移。原子力再稼働のある西日本の約定価格より遥かに高く、通常のJEPX約定単価が高値傾向にある北海道価格よりも高い水準であった。買い応札単価がこれに追随できず、約定量は微小量に留まった。

図表2-5 ベースロード取引市場の取引結果（2023年度分）

商品		BY2301 約定日 7月29日	BY2302 約定日 9月30日	BY2303 約定日 11月30日	BY2304 約定日 1月31日	合計
北海道（B1）	上段	29.90	約定なし	29.95	約定なし	
	下段	0.1	約定なし	0.3	約定なし	0.4
東京（B3）	上段	33.06	37.67	31.00	25.30	
	下段	2.4	3.1	40.0	0.6	46.1
関西（B6）	上段	20.00	25.11	23.50	20.00	
	下段	711.3	207.0	80.5	30.9	1029.7

出所：日本卸電力取引所 2023年度分 ベースロード取引市場 取引結果通知　上段：約定価格（円/kWh）　下段：約定量（MW）

新電力各社は価格設定を不当であると非難したが、2016年に本制度が検討された際には、将来のリスクをどのように織り込むべきか指針は作られなかった。電力先物市場で価格固定を行うべきという意見もあったが、ベースロード市場投入量をさばける市場ではない。

この約定結果の影響は大きく、2023年度向けの相対調達交渉のベンチマークとして機能して、小売各社の電力調達難に拍車をかけている。ベースロード市場の仕組み改変については資源エネルギー庁の委員会で、燃料費事後精算の一部導入、1年を超える期間の採用等が検討されている一方、旧来型の固定価格一本によるリスクヘッジ機能を重視する意見もあり、本稿執筆時点で議論は発散気味である。

他方、2022年度の調達に際しては、資源エネルギー庁から相対調達や先物ヘッジ取り組み強化推奨もあり、小売各社は例年以上に市場依存度を減らしたところ、2023年1、2月のJEPX約定価格は暖冬、電気料金高騰による需要減、燃料価格の一段落等を受けて2022年同時期よりは落ち着いた。2022年度調達をキッチリと行った小売事業者ほど損を固定したことになり、最適調達ポートフォリオ構築が容易でないことを伺わせる状況となっている。

2）内外無差別への動き

2021年秋頃、電力市場は高止まりが続き、次年度以降も状況の改善は見られないとの見解が電力業界では大勢を占めていた。各小売電気事業者は次年度分の調達に努めたものの、自社電源の稼働、自社小売りの需要に明確な見通しを持てない旧一電各社は新電力が希望する量自体を提供しにくかった。

こうした事態を受け、新電力各社は発電部門の卸電力交渉条件を同一にするよう（イコールフット化）求め、電力・ガス取引監視等委員会では実効性確保に向けた方策を検討した。現時点では、旧一電が発電・小売部門同士で優先的な取引を行わない「内外無差別な卸売り」の実効性を高め、かつ取り組み状況を外部から確認することを可能にする施策が進められている。遅くとも2023年度当初からの通年契約に向けて、旧一電各社に対して①交渉スケジュールの明示・内外無差別な交渉の実施②卸標準メニュー（ひな型）の作成・公表③発電・小売間の情報遮断、社内取引の文書化のさらなる徹底等——の取り組みの進捗を定期的に確認していくこととされている。

相前後して、旧一電の中には独自のオークションを実施する事業者や、第三者が運営する電力取引のプラットフォームを通じ、自社小売りも参加する形で卸販売を実施する事業者も現れている。ベースロード市場と同等の商品を扱う例もあり、市場設計当初と比べ卸売を取り巻く環境は変化しつつある。

今後の着目点は、新電力の希望量がこれらの取り組みを通じて供出されるかである。原子力再稼働が遅延し、火力を含めた安定電源が減り続けるままでは、結局のところ、少なくなった量を皆で取り合うだけでしかなく、根本的な供給力再建が待望されるところだ。

3）同時市場の検討

再生可能エネルギー大量導入進捗と並行して火力電源稼働を最適化するため、運用変更が必要ではないかという問題意識が提示されている。

現時点で火力電源は、以下のように稼働順が決まる。

①「需給調整市場：三次調整力①（⊿kW）」→②「スポット市場：電力量価値（kWh）」→③「需給調整市場：三次調整力②（⊿kW）」→④「時間前市場：電力量価値（kWh）」

調整力が先抜きされて、残りは小売りが参加するスポット市場、時間前市場に応札される。送配電側には調整力を多めに確保して需給を維持したい誘因がある一方、小売り目線では送配電による需給調整市場三次調整力②投入のためのリソースの囲い込みが起きてしまう。結果としてスポット・時間前市場の段階では十分な売り入札量が確保されない展開になっているという。ただし、そもそも三次②に投入できるリソース量自体の不足があるのではないかとも考えられる。

また、火力電源は起動・停止に際し、一定の時間がかかるため、連続運転を前提に発電計画を立てる。そして、これを反映するため複数コマをまとめて取引する「ブロック入札」という手段を取る。つまり相対卸電源として発電が確定している電源であれば、連続運転計画を立てることは容易だが、市場売り前提の電源であれば、連続したコマを確実に約定させることが必要になる。しかし、ブロック入札をした時間帯の若干のコマで再エネ発電量が優勢となる場合、約定価格は当該火力電源の限界費用を下回るため、応札ブロック全部が失注となる。受け渡し直前の時間前市場で1コマだけ供給力不足となっても、そのコマのために改めて起動する火力電源は現れない。

また従来の限界費用のみを参照する応札方法では、各発電バランシンググループ（BG: 複数の発電事業者で形成したグループ。代表者が一般送配電事業者と託送契約を結び、同時同量も BG で達成する）で発電パターンの最適解を算出している建前になっている。しかし実際には、再エネは天候や時間帯によって発電量が変わるため稼働量が分からず、先行きの需要見通しへのアクセスもないため、燃料調達は保守的になる。実需給断面では燃料切れで電源が稼働できないという状況もありうる。

総じていえば、供給力と調整力全体での最適な電源運用とならず、発電事業者が合理的かつ十分に期待利益を確保できていないという評価である。

図表2-6 約定電源等の決定方法

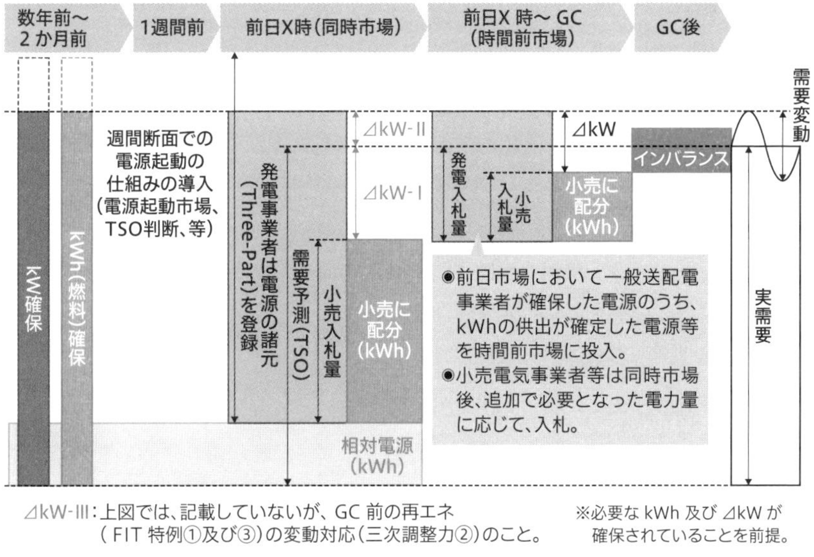

⊿kW-Ⅲ：上図では、記載していないが、GC 前の再エネ（FIT 特例①及び③）の変動対応（三次調整力②）のこと。

※必要な kWh 及び ⊿kW が確保されていることを前提。

出所：第3回経済産業省　あるべき卸電力市場、需給調整市場及び需給運用の実現に向けた実務検討作業部会資料5（2022年12月2日）

調整力と電気価値の市場取引を同時に行えば、この懸念も解消するのではないかとスリーパートオファー（three part offer）の導入検討が始まった（図表 2-6）。これは①ユニット起動費②最低出力コスト③限界費用カーブ――を発電事業者が提示して、コスト最小化となる各電源の運転パターンを市場運営者が決定し、稼働をさせるという仕組みである。

この制度下では、発電 BG の自律的な電源運用は行われず、送配電の算定結果に基づき、個別電源の稼働・不稼働が決められることになる。今よりも再エネ大量導入に適応した電源運用が可能になる期待感はある一方、以下のような課題もある。

❶システム統合の課題

現時点では調整力（⊿ kW 価値）は送配電が差配する需給調整市場で、電力量価値（kWh 価値）は JEPX の卸電力市場、時間前市場で別々に取引されている。運用主体、システムともに一体化させるには、相当の日時が必要である。

❷発電バランシンググループのあり方

送配電への機能集約が予想される中、発電 BG の果たすべき役割を再定義する必要がある。（本件のそもそもの発想は米国 PJM にあり、日本の BG 制度とは異なる制度設計によるものである）

❸燃料の安定確保への実効性

新制度により実需給 2 か月前の燃料調達量確保が容易になるとされている。ただし、火力電源の長期的な稼働見通しが確定しないままであれば、長期の燃料契約減少傾向の中での実効性は定かではない。

❹相対契約とのすみ分け

発電側と小売側の相対契約を促進しよう（これにより長期的な燃料獲得が促進される）との制度検討があるが、同時市場とのすみ分けが不明確である。

❺分散型エネルギー資源の位置付け

分散型エネルギー資源（DER）［第 5 章参照］も電力市場で一定の役割を期待されているところであり、同時市場における需要側 BG（複数の小売電気事業者から代表契約者が送配電事業者と託送契約を結ぶ形態）の意味合い、分散電源の取り扱い等についても整理が必要である。

恐らくはこの同時市場創設と合わせて、日本の電力市場を従来のBG前提で運営するのか、より中央集権的な制度——強制プールのようなものを視野に入れるのか、検討されるのではないだろうか。

参考文献

第79回 電力・ガス取引監視等委員会 制度設計専門会合 資料7（2022年11月25日）
https://www.emsc.meti.go.jp/activity/emsc_system/pdf/079_07_00.pdf
第72回 総合資源エネルギー調査会 電力・ガス事業分科会 電力・ガス基本政策小委員会 制度検討作業部会資料3（2022年11月30日）
https://www.meti.go.jp/shingikai/enecho/denryoku_gas/denryoku_gas/seido_kento/pdf/072_03_00.pdf
第60回 電力・ガス取引監視等委員会 制度設計専門会合　資料3（2021年4月27日）
https://www.emsc.meti.go.jp/activity/emsc_system/pdf/060_03_01.pdf
第79回 電力・ガス取引監視等委員会・制度設計専門会合　資料6（2022年11月25日）
https://www.emsc.meti.go.jp/activity/emsc_system/pdf/079_06_00.pdf
経済産業省　卸電力市場、需給調整市場及び需給運用の在り方勉強会資料9（2021年12月28日）
https://www.meti.go.jp/shingikai/energy_environment/oroshi_jukyu/pdf/001_09_00.pdf
経済産業省　あるべき卸電力市場、需給調整市場及び需給運用の実現に向けた実務検討作業部会資料5（2022年12月2日）
https://www.meti.go.jp/shingikai/energy_environment/oroshi_jukyu_kento/pdf/003_05_00.pdf

需給調整市場の発足と再エネバランシングの難しさ

西村 陽

2020年代前半の日本の電気事業制度変更の中で、安定供給システムはもとより小売・発電事業、再生可能エネルギー発電事業と再エネバランシング（需給調整）、アグリゲータービジネス等、広範囲に影響を及ぼすものに需給調整市場の創設がある。

電力の需給を調整し、瞬時同時同量を達成し続けるために必要な調整力は、もともと系統内にあるすべての発電機の中から必要な調整スピードと量に応じて調達されていた。具体的には、運転中の発電機の上げ代・下げ代を組み合わせ、場合によっては停止中の発電機の追加稼働を組み合わせる形である。例えば電力自由化地域の中でも、北米等に見られるパワープールの仕組みでは同様の運用が相互最適化(Co-Optimization)という形で行われている。

電力自由化によって発電事業者と一般送配電事業者との機能を分けた場合、両者の間で調整力の取引（確保しておく発電機の上げ代・下げ代の能力提供の契約）をしておく必要があるが、日本では2016年度から調整力公募という年間ベースの入札によって調達が始まった。調整力公募では調整スピードの速い順から電源Ⅰ-a、Ⅰ-b、さらには従来あまり活用されてこなかったデマンドレスポンス（DR）も参加できる「電源Ⅰ´」という構成で運用されていた（なお、最終的に各バランシンググループ：BGが活用する電源の余力を調整力として流用するものを「電源Ⅱ」と呼ぶ）。

さらに需要状況に応じた適切な調整力の調達により効率性や経済性

を高め、一般送配電事業者のエリアを超えた広域での調達を可能にするため、2021 年度から順次、需給調整市場の導入が始まった(図表 2-7)。入札によって契約した上で調整力を運用するもので、2021 年度に応動時間が最も遅い三次調整力②からスタートし、2024 年には高速の一次調整力まで取引が拡大、すべての調整力がこの市場で調達される予定となっている。

ところが、初めての需給調整市場メニューである三次調整力②がスタートして 2 年足らず、大きな問題が現在 2 つ発生している。一つは必要な調整量が確保できないという「調整力未達問題」であり、もう一つはそれとは裏腹に三次調整力②と同じ時間コマで kWh を取引する JEPX スポット（一日前）市場や時間前市場で起きた kWh 不足、すなわち「玉枯れ」の問題である [第 2 章 -2 参照]。三次調整力②は再エネの出力予測ブレのカバーのために一般送配電事業者（系統運用者）が確保しておく調整力であり、当然 30 分コマでの取引となる。この 2 つの問題は、実は日本全体で発電機容量が不足しているという同根の問題に起因しており、2011 年以降の電力システム改革の失敗による予備力不足の象徴ともいえる事象である。特に、発電機の多くがメンテナンス時期に入る春・秋は再エネ（太陽光）の出力が大きく、天候変化による予測ブレも起きやすい。このため、募集量も増える三次調整力②、加えて三次調整力①の調達不足と玉枯れによる需給逼迫は、厳気象期に限らず通年レベルの問題となりつつある。

そもそも三次調整力②は FIT（固定価格買取制度）電源がほぼなくなった欧州では調達範囲外のものであり、現在は欧州各 BG やバランスリスポンシブルパーティー（BRP）が再エネの市場統合を担っている。日本でも大量 FIT の買い取り終了に伴い発電事業者自身がインバランス回避を求められるようになる 2030 年序盤を見据え、市場統合

図表2-7 需給調整市場の商品種類と要件

	一次調整力	二次調整力①	二次調整力②	三次調整力①	三次調整力②
英呼称	Frequency Containment Reserve(FCR)	Synchronized Frequency Restoration Reserve(S-FRR)	Frequency Restoration Reserve(FRR)	Replacement Reserve (RR)	Replacement Reserve-for FIT (RR-FIT)
指令・制御	オフライン(自端制御)	オンライン(LFC信号)	オンライン(EDC信号)	オンライン(EDC信号)	オンライン
監視	オンライン(一部オフラインも可※2)	オンライン	オンライン	オンライン	オンライン
回線	専用線※1(監視がオフラインの場合は不要)	専用線※1	専用線または簡易指令システム※6	専用線または簡易指令システム	専用線または簡易指令システム
応動時間	10秒以内	5分以内	5分以内	15分以内	45分以内(2025年度以降は60分以内)
継続時間	5分以上	30分以上	30分以上	商品ブロック時間(3時間)	商品ブロック時間(3時間)(2025年度以降は30分)
並列要否	必須	必須	任意	任意	任意
指令間隔	−(自端制御)	0.5〜数十秒※3	専用線:数秒〜数分 簡易指令システム※6:5分	専用線:数秒〜数分 簡易指令システム:5分※5	30分
監視間隔	1〜数秒※2	1〜5秒程度※3	専用線:1〜5秒程度 簡易指令システム※6:1分	専用線:1〜5秒程度 簡易指令システム:1分	1〜30分※4
供出可能量(入札量上限)	10秒以内に出力変化可能な量(機器性能上のGF幅を上限)	5分以内に出力変化可能な量(機器性能上のLFC幅を上限)	5分以内に出力変化可能な量(オンラインで調整可能な幅を上限)	15分以内に出力変化可能な量(オンラインで調整可能な幅を上限)	45分以内に出力変化可能な量(オンラインで調整可能な幅を上限) 2025年度以降:60分以内に出力変化可能な量(オンラインで調整可能な幅を上限)
最低入札量	5MW(監視がオフラインの場合は1MW)	5MW※1,3	5MW 簡易指令システム※6:1MW	5MW 簡易指令システム:1MW	専用線:5MW 簡易指令システム:1MW
刻み幅(入札単位)	1kW	1kW	1kW	1kW	1kW
上げ下げ区分	上げ/下げ	上げ/下げ	上げ/下げ	上げ/下げ	上げ/下げ

※1 簡易指令システムと中給システムの接続可否について、サイバーセキュリティーの観点から国で検討中のため、これを踏まえて改めて検討
※2 事後に数値データを提供する必要有り(データの取得方法、提供方法等については今後検討)
※3 中給システムと簡易指令システムの接続が可能となった場合においても、監視の通信プロトコルや監視間隔等については、別途検討が必要
※4 30分を最大として、事業者が収集している周期と合わせることも許容
※5 簡易指令システムの指令間隔は広域需給調整システムの計算周期となるため当面は15分
※6 休止時間を反映した簡易指令システム向けの指令値を作成するための中給システム改修の完了後に開始
注)全ての商品において、商品ブロック単位(3時間/ブロック)で取引される。2025年度以降、入札単位は、一次から三次①においては3時間、三次②においては30分

出所:送配電網協議会 「需給調整市場の概要・商品要件(第3版)」(2022年4月1日更新)

に向けて（欧州ではすでに進んでいる）再エネ出力予測の精度向上と調整リソースの拡充、その活用のためのルール整備や調達方式の改善を進めていく必要がある。

日本での需給調整市場運用とリソース発掘・活用上の課題に対し、現在、出力予測技術の向上には一般送配電事業者自身が取り組んでいる一方、JEPXスポット（一日前）市場での調達改善についてもいわゆる同時市場の検討作業が進められている。ここでは分散型エネルギー資源（DER）の発掘と活用拡大の動きを紹介したい。欧州では風力発電の大量導入によって再エネバランシングが電力安定供給の鍵となっており、電気自動車（EV）、蓄電池、大型給湯器、バイオマス発電機（ゴミ発電）といった、DERが再エネバランシングになくてはならない存在になっている。再エネバランシングに必要な能力が、もはや系統運用者が調達する「調整力」ではなく「フレキシビリティー(柔軟性)」と呼ばれるゆえんである。そしてこれらDERは、再エネの出力ブレが明らかになる当日市場の価格変動によって再エネバランシングに貢献するように誘導されており、同時に、DERをまとめて卸電力市場・調整力市場に拠出するアグリゲーターのノウハウ蓄積と事業拡大も鍵を握る［第5章参照］。

日本でもEVをはじめとするDERをマルチユースで活用し、電力システム安定化に貢献させるための制度、ルール、補助金も活用した必要インフラ（次世代スマートメーターを活用したDER特定計量データ収集や一般送配電事業者の持つDERプラットフォーム）等の整備が資源エネルギー庁・次世代の分散型電力システムに関する検討会、同・EVグリッドWG等で進められており、これらの一部は需給調整市場でも活用されることが大いに期待されている。

2 4

供給力をどう確保するか

戸田 直樹

2021年1月における全国的な電力需給逼迫以降、日常的に電力供給力不足が話題に上るようになっている。電気は、同時同量というデリケートな物理的制約を持つ一方、その制約をクリアして安定的に供給されることが死活的に重要な経済活動の必需品である。日本は2050年のカーボンニュートラルを国際公約に掲げ、産業革命以来の化石燃料中心の産業構造・社会構造をクリーンエネルギー中心の構造に転換するGX（グリーントランスフォーメーション）を通じてその実現を目指しているが、その転換の過程で、電力の安定供給に支障が生じるようなハードランディングは回避しなければならない。そのため、政府のGX実行会議では「脱炭素に向けた経済・社会、産業構造変革に向けてのロードマップ」を策定する前提として、「日本のエネルギーの安定供給の再構築に必要となる方策」を論点に掲げ、電力分野については、まずは足元の危機（電力供給力不足）に対して既存の政策を総動員する一方、「電力システムが安定供給に資するものとなるよう制度全体の再点検」を行うことを表明している。

1）足元の電力供給力不足の背景

足元の電力供給力不足の背景について、GX実行会議では「自由化の下で供給力不足に備えた事業環境整備、原子力発電所の再稼働の遅れ」をあげている。

もともと日本の電力システム改革は、電力固有のデリケートな制約と安定供給確保の重要性を重視し、発送電一貫体制の一般電気事業者をセーフティーネットとしながら漸進的に進められてきた。ところが、2011年の東日本大震災後、改革は競争促進・新規参入促進に大きく舵を切ることになった。その象徴が、2013年から始まった大手電力が余剰供給力全量を限界費用により日本卸電力取引所（JEPX）のスポット市場に投入することを事実上強制する、いわゆる限界費用玉出しである。これにより、JEPXスポット市場に安価に投入される余剰供給力に大きく依存する新規参入が促進された一方で、ここへきて供給力不足が顕在化するに至っている。

これは、電力市場が、その性質として完全競争市場とは程遠い市場であるにもかかわらず、限界費用により価格形成がなされる市場に委ねれば適切な投資が導かれるとナイーブに信じる、すなわち市場の需給調整機能に過剰に期待する識者が、制度設計をリードした結果であろう。加えて、原子力発電所の再稼働の遅れと、手厚い政策補助による再エネ大量導入の影響で火力発電所の稼働率が低下し、採算が悪化したことがそれに拍車をかけた。

2）容量市場とそれを補完する仕組み

容量市場は、供給力が電気を供給する能力を維持していることの対価（kW価値）を取引する市場であり、社会的に望ましい電力システムの供給信頼度の目標（許容される停電のリスク）に整合した量の供給力を、オークションを通じて確実に確保する仕組みである。電力市場の需給調整機能は、余剰設備をスリム化するには効果的だが、安定供給上必要な新たな投資を呼び込むインセンティブは過小になる点で不完全である。この不完全な電力市場を補完するサブシステムとして容量市場が導入されることとなっている。本格導入は2024年度であり、それまでは一般送配電事業者による供給力（kW）および電力量（kWh）の公募等で急場をしのいでいる。

加えて、電力市場を補完する容量市場を更に補完すべく、次の仕組みが導入される。

第一に、発電所の休廃止に関する事前届け出制である。

10万kW以上の発電設備について、従来の事後届け出制を、休廃止予定日の9カ月前までに届け出る事前届け出制に変更した（2022年5月電気事業法改正）。電源が休廃止しても、それを補う供給力を確保する等の対策に一定の時間がかかるため、その時間を確保することを狙ったものである。

第二に、予備電源制度である。

休止した電源の一部を政府が指定し、一定期間をかければ再稼働可能な状態でキープしておく予備電源制度が検討されている。社会的に必要な供給力は一義的には容量市場の調達目標量として算定・確保されるが、そこで想定されている以上のリスク、例えば大きな地震により供給力が大規模に脱落するような事象にも備える必要性が認識されたものである。頻度が非常に小さい事象への備えであるので、コストを過剰にかけないことが重要であり、それは再稼働までの期間とトレードオフになるため、そのバランスが重要である。目下の政府案では、再稼働までの期間が3カ月の短期型と、1年の長期型の2類型が導入される。

3）GXによる設備投資環境へのインパクト

前項はGXを前提としなくとも必要であった措置と考えられる。では、電力システム改革に着手した当初想定されていなかったGXは、発電設備の投資環境にどんなインパクトを与えそうか。ネガティブな影響が考えられ、次に列挙してみる。

第一に、人口が減少する中でも電力需要の相当の増加が想定される。ただし、不確実性が大きい。

CO_2排出を大きく減少させるには、需要の電化と発電の脱炭素化を車の両輪のように推進する必要があるので、電力需要の増加は必然である。しかし、電化は需要側機器のストックの入れ替えを伴うので、急に進展するものではない実態がある。2050年カーボンニュートラルを必達目標とするなら、過去のトレンドを変える強い政策が必要であるが、そこまで政府が踏み込めるかどうか不透明である。

第二に、電源ミックスを構成する技術の多くがまだ実装に至っていない、あるいは実装はされていても自立に至っていない技術である。

多くの技術が政策補助が必要な段階にあり、どの技術がどの程度実装されるかは、政策補助の強度に多分に影響され、投資判断が難しい。最終的には置換されるが、ハードランディングを回避するために過渡的に必要な在来技術（典型的には火力発電）についても、いつまで活用されるか不透明となることから投資判断が難しくなる。

第三に、電力システムが現在以上に固定費比率の大きなコスト構造になる。

限界費用ゼロの再エネ、限界費用が小さい原子力が主力電源になれば、必然的にこうなる。電気事業はもともと固定費比率が大きな産業だが、固定費回収がさらに重荷になるだろう。

4）長期脱炭素電源オークション

2024年度からkW価値の支払いが始まる容量市場は、あらかじめ定めた各年度の目標調達量についてオークションを行い、各年度のkWの価格を決める。kWに公共財的な価値があることが共通認識となったのは前進であり、足元で見られる既存電源の退出を抑制する効果は見込めるであろう。他方、毎年kW価格が変動する仕組みでは、新たな電源投資を促すには力不足との指摘は以前からあり、現在の容量市場の導入準備と並行して、kW価格を長期間固定する仕組みが検討されていた。

こうした仕組みの必要性は、2050年カーボンニュートラルが政府目標となり、前項であげた投資環境の悪化が想定されることから、さらに高まったといえる。政府は、第6次エネルギー基本計画（2021年10月閣議決定）で「2050年カーボンニュートラル実現と安定供給の両立に資する新規投資について、複数年間の容量収入を確保することで、初期投資に対し、長期的な収入の予見可能性を付与する方法について、詳細の検討を加速化させていく」ことを表明した。これを受けて、電力・ガス基本政策小委員会制度検討作業部会において、「長期脱炭素電源オークション」の制度設計が取りまとめられた（図表2-8）。

図表2-8 長期脱炭素電源オークションの収入期間と収入水準

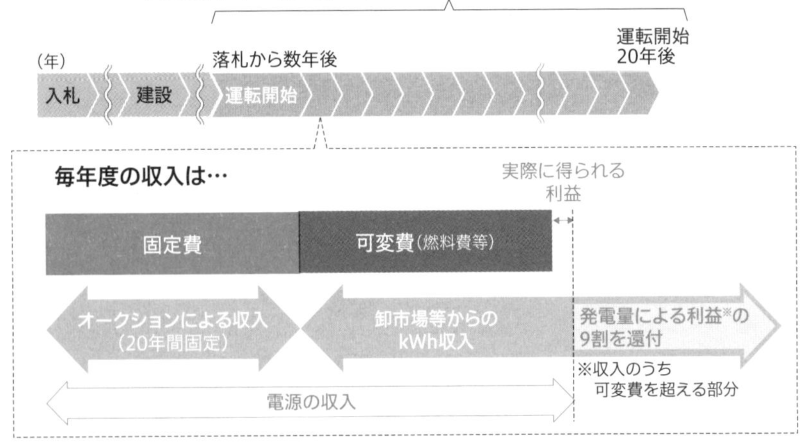

出所：第73回総合資源エネルギー調査会電力・ガス事業分科会電力・ガス基本政策小委員会制度検討作業部会資料をもとに作成

❶制度の位置付け

本制度は容量市場の一部である。現行の容量市場の制度では、事前に決まっていない政策的な対応等を想定して、特別オークションを開催することを定めている。すなわち、事前に決まっていない政策（カーボンニュートラル）に対応するための特別オークションである。初回オークションは2024年1月に実施する。

❷対象となる電源

初回オークションの対象電源は図表2-9のとおりである。

一義的には発電・供給時にCO_2を排出しない脱炭素電源及び電力貯

蔵の新設・リプレースが対象であり、水素・アンモニア・バイオマスなどの非化石燃料を活用すべく、既存火力発電を改修する場合を含む。初回オークションにおいては、これらを合計400万kW募集する。

また、これとは別に足元の供給力不足に対応するため、初回オークションから3年間に限り、非化石燃料を活用しないLNG火力の新設・リプレースを600万kW募集する。もっとも、これらも2050年までに脱炭素化することが大前提となる。

❸オークションの約定方法・容量収入

オークションはマルチプライス方式とし、約定した電源の固定費に相当する容量収入を20年程度の長期にわたり支払う。これにより投資回収はほぼ保証されるので、他市場（kWh市場等）から可変費を超える収入が得られた場合は、超えた部分の90%を還付する。

❹容量支払いの原資

通常の容量市場と同様に、予備力相当分は一般送配電事業者が負担し、残りは全小売電気事業者が需要規模に応じて分担する。

長期脱炭素電源オークションは、マルチプライス方式により各電源の固

図表2-9 初回オークションの対象電源

区分	対象電源
新設・リプレース	太陽光 陸上風力 洋上風力 一般水力 揚水 蓄電池 地熱 バイオマス 原子力 水素（10%以上） LNG※
既設火力の改修	水素10%以上の混焼にするための改修 アンモニア20%以上の混焼にするための改修 既設火力の化石kW部分の全てをバイオマス化するための改修

※LNG火力は初回オークションから3年間に限り、脱炭素電源とは別に300万〜900万kWを募集する。

出所：総合資源エネルギー調査会電力・ガス基本政策小委員会 制度検討作業部会『第十一次中間とりまとめ（案）』

定費がそのまま約定価格となり、それが容量収入として長期に維持されることから、投資回収の予見性は通常の容量市場よりも高くなる。その容量収入の原資は全ての小売電気事業者、ひいてはすべての需要家が支えることになる。これは発電分野の規模の経済性の消滅を前提に、多数の発電事業者が激しく競争するという、電力システム改革が当初想定していたシステムが大きく変わり始めることを意味する。

2050年カーボンニュートラルが政府目標となり、GXが進展することで不確実性が高まる中では、民間の市場原理に基づく判断で必要な投資を賄うことは実質困難であり、国がカーボンニュートラルに向けてのロードマップを描き、それと整合する電源ポートフォリオを全体で支える姿に移行していくのは、必然であると思われる。

2 5

小売電気事業はどうあるべきか

丸山 真弘

2016年4月の小売全面自由化の実施により、それまでの一般電気事業者（既存事業者）と特定規模電気事業者（新規参入者＝PPS）を対象とする小売事業規制が改められ、本則としては既存、新規の事業者が小売電気事業というカテゴリーの中で、競争的な市場において小売供給を担うという枠組みが成立した。しかし、既存事業者と新規参入者の間で適正な競争関係が確保されないままでの完全な自由化は、電気の使用者の利益を阻害する恐れがあるとして、既存事業者の小売部門を「みなし小売電気事業者」と規定し、供給義務と料金規制が経過措置として残された（特定小売供給）。

1）エネルギー価格高騰による事業環境の変化

小売電気事業者には、供給力確保義務が課されるものの、その義務は、自ら発電設備を持つ、あるいは発電事業者と長期契約を締結することで確保するのではなく、卸電力市場からの調達によっても果たすことができるとされた。

そして、旧一般電気事業者（以下、旧一電）の自主的取り組みである余剰電力の限界価格による卸電力市場への全量供出（玉出し）や、一般送配電事業者によるFIT買取電源の市場投入などを通じ、卸電力市場の平均的な価格は比較的安価な時期が続いた。この間、卸電力市場から電力を調達し、料金が規制された特定小売供給や、旧一電の標準的なメニューの料金体系をコピーしつつ、それらより安価な単価を設定するというビジネスモデルの下、新規参入の小売電気事業者（新電力）は比較的容易に顧客を取得することができた。結果として多くの新電力が市場に参入し、そのシェアも増加傾向にあった。

しかし、近年のエネルギー価格、特にガス価格の高騰を受け、卸電力市場の価格が高騰するようになった。この結果、前述のようなビジネスモデルが崩壊し、2021年後半から小売電気事業からの撤退や新規契約の停止といった動きが見られるようになった。撤退する事業者と契約していた需要家のうち、高圧、特別高圧の需要家は、旧一電を含めた他の事業者が新規契約の受け付けを停止していた時期でもあり、一般送配電事業者が提供する最終保障供給による供給を受けることを余儀なくされる状況（電力難民）が数多く発生した。一方、低圧の需要家については、経過措置期間中は、みなし小売電気事業者による特定小売供給（規制料金メニュー）が電気の最終保障サービス（ラストリゾート）の役割を果たしている。

2）小売電気事業者に求められるリスク管理と需要家保護

このような中、国は小売電気事業者による適切な経営管理を促す観点から、事業計画の提出等を通じた参入時の審査の強化や、事業開始後の規制当局によるモニタリングなどにより、事業者によるリスクの分析やリスクの管理を強化することを検討している。また、小売電気事業から撤退する事業者に対しては、需要家保護の観点から、小売営業ガイドラインにおいて事前の周知やその際の告知についての規制が行われている。この点についても、周知期間や告知内容などに関する規制を強化することが、同じく国により検討されている。

これらの制度は、事業者の健全性を確保するとともに、何らかの理由で事業から撤退する際、需要家がラストリゾートを含む別の供給者に変更するための時間的余裕を確保することを通じ、継続的な電気の供給を確保することを目的としている。

一方で、資金繰りの関係から、十分な周知を行う時間的な余裕がないまま倒産といった形で事業撤退を余儀なくされる事業者の存在も否定できない。その場合、現在、国が検討している制度の枠組みでは、需要家保護のための十分な対応ができないことも考えられる。例えば、十分な周知がないままに電気供給契約が打ち切られた場合、需要家はラストリゾートによる供給を受けることになる。しかし、最終保障供給、特定小売供給のいずれも「需要家からの契約の申し込みがあった場合、(原則として) これに応じなければならない」という意味での供給義務 (供給応諾義務) が課されているだけにとどまり、需要家からの申し込みというアクションが契約締結の前提となっている。すなわち、アクションを起こさなかった需要家は無契約の状態となってしまう。

3) 破綻を前提とした需要家保護の検討を

ここで、小売電気事業者の事業撤退により影響を受ける多数の需要家に対し、まとめて供給先を用意することができれば、需要家は個別に次の供給者を探索する必要がなくなり、無契約問題も解消することができる。

例えば米国で小売自由化を実施した州 (テキサス州を除く) では、需要家と Utility (既存事業者) との間の契約を維持したまま、需要家と小売供給者の間で供給契約を結ぶ形をとっている。この場合、小売供給者の撤退に伴う契約解除があっても、需要家は Utility との契約に基づき引き続き電気の供給を受けることができる (Utility がラストリゾートの主体)。

一方、英国では、小売供給者が経営危機に陥ったと規制当局が認定した場合、規制当局が指名した別の供給者に、需要家との契約を包括的に移管する (需要家からの申し込みがなくても、指名された供給者と需要家の間に契約が成立したと擬制される) 制度 (SoLR：Supplier of Last Resort) がある。加えて、供給者の事業規模が大きく、すぐに移管先がみつからないような場合には、国が一時的に資金注入を行い、事業譲渡等による対応が取られるまでの時間を稼ぐ制度（SAR: Special Administration Regime）も導入されている。

日本では、既存事業者と新規参入者との適正な競争関係を確保するといった理由から、送配電事業者は供給地点まで電気を送るだけで、需要家とは直接は関わらないという米国諸州とは異なる形態が採用された。また、先に述べたような小売電気事業者によるリスク管理のための施策が徹底されれば、小売電気事業者が倒産、撤退するような事例も減少していくと考えられる。しかし、倒産のリスクが皆無ではない以上、需要家保護の観点から小売電気事業者の破綻処理についても制度を整備しておく必要がある。この際、金融機関の破綻処理における承継銀行の制度や特別公的管理の制度といったものも参考になると考えられる。

これら小売電気事業者をめぐる制度については、現在「適正な電力取引についての指針」（適正取引ガイドライン）や「電力の小売営業に関する指針」（小売営業ガイドライン）の改定に向けた検討が進められているが、市場動向やユーザー動向を見つつ、より幅広い事態を想定したルールづくりが求められる。

参考文献

資源エネルギー庁『「今後の電力政策の方向性について　中間とりまとめ」を踏まえた小売分野の省令やガイドラインの改正について』総合資源エネルギー調査会電力・ガス事業分科会第 58 回電力・ガス基本政策小委員会 資料 4（2023.1.25）
https://www.meti.go.jp/shingikai/enecho/denryoku_gas/denryoku_gas/pdf/058_04_00.pdf

丸山真弘『小売電気事業者の事業撤退と需要家保護～日本の状況とイギリスとの比較～』電気評論 , 第 106 巻第 12 号 ,p.25（2021.12）

丸山真弘『小売供給者の経営破綻における特別の倒産手続ー英国・特別管理制度の内容とその事例ー』公益事業研究 , 第 74 巻第 1 号 p.1（2022.9）

COLUMN ②

パワープールとバランシンググループ

戸田 直樹

経済産業省・資源エネルギー庁が「あるべき電力市場」の検討を進めている。再生可能エネルギーによる自然変動電源の大量導入は、電力システム改革の設計段階には想定されていなかった事象であり、そのような中でも持続可能な需給運用の仕組みを探求していく必要がある。

電力システムの需給運用の仕組みは全面プール方式とバランシンググループ（BG）方式に大別される。日本の電力改革は、2000 年に小売部分自由化を開始した際に BG 方式を採用し、そのまま現在に至っている。しかし、送電系統運用者（TSO）がすべての電源を一元的にコントロールして全体最適を目指す全面プールに対し、BG 方式は各 BG が自らの部分最適を追求することが基本である。すなわち、BG 方式は理論上、システム全体の効率で全面プール方式に及ばない。しかも、自然変動電源の大量導入が進展すれば、BG は需要のみならず自然変動電源の出力も予測して需給運用をする必要に迫られ、負担が増えると同時に、需給運用の精度が低下する（＝インバランスの増加）。その結果、TSO がインバランス調整を行う負担も増え、システム全体の効率が低下する。

BG による需給運用の精度を高める取り組みも行われているが、そもそも BG には周波数を確認する手段がないため、TSO のように需給バランスを高い粒度で把握できないという制約がある。そんな BG に多くを望むことが生産的とは考えにくい。むしろ BG 方式は早晩限界が顕在化することが想定され、全面プール方式への移行を進めることが適当と思料する 。

他方、日本が効率面で劣後するBG方式をあえて採用してきたのには、それなりに理由があった。

第一の理由は、BG方式はTSOを構造的に分離する必要性が小さいことであった。全面プール方式の下では、TSOは各電源の入札価格、技術特性等のデータを取得し、各電源の運転計画に影響を与えるので、高度な中立性が求められる。BG方式では、TSOはゲートクローズ時に新規参入者の需給計画を取得するが、価格等機微な情報を取得する必要はなく、緊急時を除き新規参入者の電源運用に介入しないので、求められる中立性のレベルが違う。

また、東日本大震災前の改革は、安定供給について、新規参入者には30分同時同量という疑似的な同時同量以上の貢献は期待しない一方、発送電一貫体制の一般電気事業者に安定供給を中心的に担うことを期待するものであったため、発送電一貫体制を維持するためにもBG制の採用は必然であった。しかし、震災後の改革では、競争促進を重視して送配電部門の法的分離に踏み込み、安定供給は各事業者の役割分担の下で維持することとなったので、すでにこの理由は成立しない。

第二の理由は、小売電気事業者の責任を曖昧にしないためであった。電気は同時同量というデリケートな制約を持つゆえに、「発電と小売との関係が特定され、供給する責任が明確となる仕組み」が重要と考えられた。小売電気事業者の供給責任とは「獲得した需要に見合う供給力を自ら保有することまたは長期相対契約を通じて確保すること」である。しかるに、全面プール方式では、システム全体で供給力が足りていればTSOが運営する単一の市場を通じて調達した電気を転売するだけで容易にビジネスが成立する。一方、この方式では小売電気事業者の供給責任が曖昧になるので、採用できなかったのは必然である。

しかし、震災後の改革では、卸電力市場の活性化を重視し、安価に抑えられた電気を市場で調達し転売するビジネスをむしろ後押しした。その結果、システム全体として供給力が不足する懸念が高まり、容量市場が導入されることとなった。つまり、容量市場を導入することによって、小売電気事業者の供給責任は「容量市場で決まる kW 価値の対価を負担すること」に変化する。したがって、この点でも日本が効率で劣後する BG 方式をあえて維持する理由はなくなったのである。

※本稿では物理的に電源運用を行う主体を BG と定義しているが、全面プール方式の下でも、物理的な需給運用は行わないが、TSO が運営する市場との間で経済決済をする単位は必要であり、それを BG と呼称することはありうる。

第3章

重要性増す燃料の戦略的調達

第3章 重要性増す燃料の戦略的調達

2021年秋から始まったエネルギー資源価格や電力・ガス市場価格の上昇は、西側諸国に改めて「エネルギー安全保障の課題」を再認識させた。特に課題として挙がったのは燃料長期契約の重要性やエネルギー自給率向上の必要性である。

天然ガスは、LNG液化施設、輸送インフラ（パイプライン・LNG船等）の確保・維持に莫大な投資を要することから、各国のエネルギー事業者は長年、資源国と事業者で長期間の供給契約を締結し、リスクを極力排除した上で、安定的なエネルギー確保を志向してきた。他方で、リーマン・ショック後のエネルギー価格下落とシェールガス革命による油価の低下はLNGスポット市場を活性化させ、市場価格を低下させた。また、欧州委員会による市場流動性確保への動きは、エネルギー事業者に長期契約をリスクと認識させた。結果として、欧州は

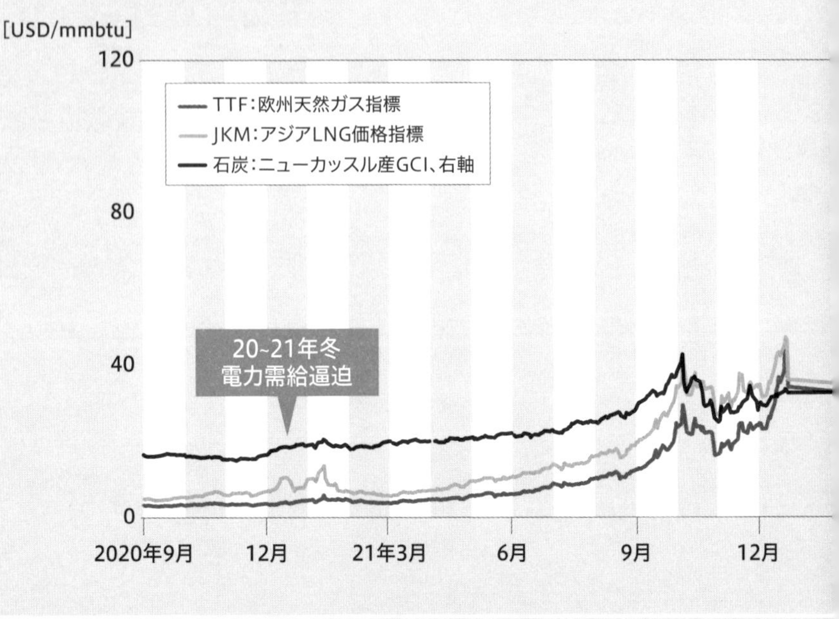

資源価格高騰が直撃する結果となり、その影響は日本をはじめアジア諸国にも広がった。

エネルギー危機の結果、欧州ではエネルギー安全保障の重要性が叫ばれ、再生可能エネルギーや原子力発電の導入拡大を求めるようになった。他方で、緊急事態に対応するために石炭火力の稼働が増加し、ロシア産天然ガスから他地域産のLNGへの転換を図るため、FSRU（浮体式LNG貯蔵再ガス化設備）の導入やLNG長期契約の締結の動きが相次いだ。

このように欧州では、脱炭素に加えて脱ロシアの移行期としての燃料安定確保に向けた動きが拡大しており、その影響が世界に広がっている。

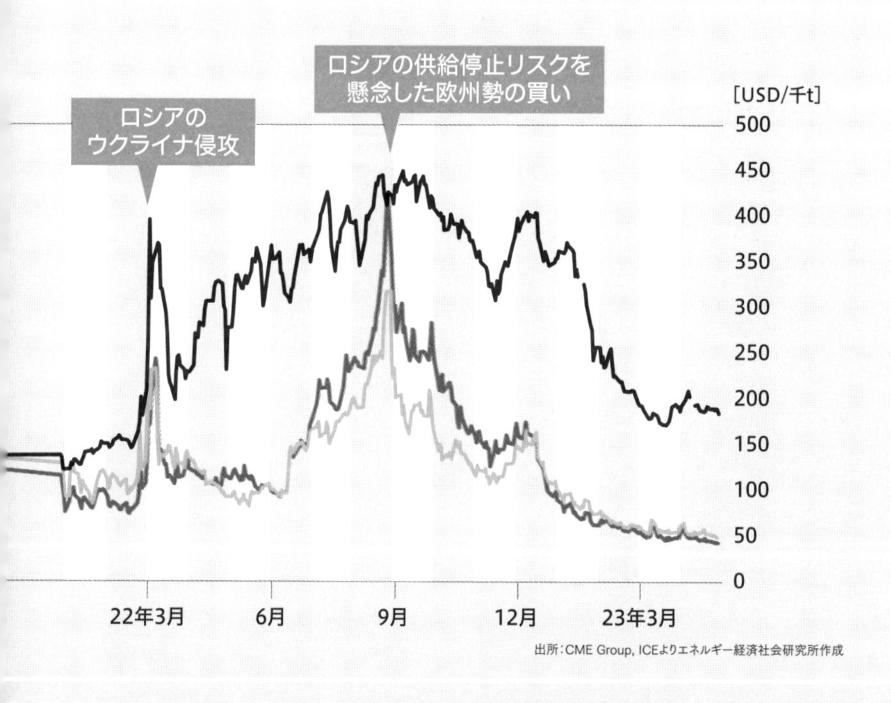

出所：CME Group, ICEよりエネルギー経済社会研究所作成

3　1

燃料確保をめぐる日本の現状

松尾 豪

日本では2020年12月～2021年1月の電力需給逼迫・卸電力市場価格高騰を機に、燃料をはじめとした電力量（kWh）の確実な確保に関心が高まっている。特に昨今の資源価格高騰により、燃料の量の確保だけでなく、価格の安定化も課題になっている。日本は周囲を海に囲まれた島国であり、地政学上の課題を背景に、他国と国際連系線や天然ガスパイプラインで接続されていないため、欧州や米国に比べてkWh確保の課題が顕在化しやすい。

1）天然ガス市場の現状

天然ガスの取引形態には、パイプラインで輸送する気体状の天然ガスと、-160℃以下に冷やし液化して船で輸送するLNGの2種類が存在する。天然ガスの需要量は4037.5Bcm（LNG換算で29.68億t、2021年）であるが、貿易量はパイプラインが505.6Bcm（同3.72億t）、LNGが516.2Bcm（同3.79億t）である[1]。パイプラインガスの最大の需要者は欧州で232.8Bcm（同1.71億t）である。LNGの最大の需要者は2021年中国、2022年日本である。2021年の中国のLNG輸入量は7,927万t、日本は7,435万tであり、両国で世界のLNG貿易量の4割を占める。

日本のエネルギー事業者の多くは、LNGを10～20年間の長期契約を通じて確保しており、日本が輸入したLNGのうち、概ね7～8割は長期契約に依存している[2]が、昨今の再生可能エネルギーの導入拡大、脱炭素への潮流、2020年まで続いたLNGスポット市場の価格下落等の要因により、今後のLNG長期契約の確保量は減少傾向である。

さて、LNG長期契約にはテイク・オア・ペイ（Take or Pay）条項と呼ばれる引き取り義務条項が規定されている。長期契約には調達数量をある程度変更できる数量弾力条項が盛り込まれているが、数量調整後に確定する引き取り義務が発生する数量に不足が生じた場合でも、買い主が不足分の代金全額を支払う義務を規定した条項である。

LNGはガス田だけでなく、液化施設、液化施設への輸送インフラ（パイプライン）、LNG船と様々なインフラが求められ、巨額の初期投資と融資が必要になる。開発事業者は、長期契約に裏付けられた買い手の安定確保、支払い保証が最終投資決定（FID）の重要な要素となる。また、操業開始後も安定的な収益確保が必要になる。テイク・オア・ペイ条項は、LNG投資に当たって必要不可欠な要素である。

しかしながら、前述のように、近年は様々な要因を背景に長期契約の確保量が減少しつつある（図表3-1）。

大きな要因として、LNGスポット市場の活性化と市場価格下落が挙げられる。米国産LNGには流動化条項が付いており、米国のLNG生産が拡大するにつれてスポット市場が活性化した。また、リーマン・ショックやシェールガス革命の影響により、LNG市場価格が下落した。これにより、LNG長期契約が市場価格に比べて割高になり、各国のエネルギー事業者は新規契約締結意欲が低下、中途解約したプレイヤーも存在した。

更に、電力・ガス自由化の影響も大きい。これまでエネルギー事業者は、自社の需要見通しを基に燃料を確保し、長期契約を締結してきた。しかし、電力自由化により大手電力には余剰電力の限界費用玉出し［第2章、基礎用語参照］が求められたほか、市場価格下落により競争が激化し、自社需要見通しの不透明性が高まったことで、長期契約締結の意欲が低下した。

他方、2021年の市場価格高騰や昨今のエネルギー資源価格高騰を背景に、新電力も電力卸の中長期契約を締結する動きが増えつつあり、国も

LNG 長期契約獲得に向けて事業者を後押ししていることから、今後の LNG 長期契約の減少には一定の歯止めがかかる見込みである。

図表3-1 日本のLNG輸入量実績・見通しと大手発電事業者における LNG長期契約量

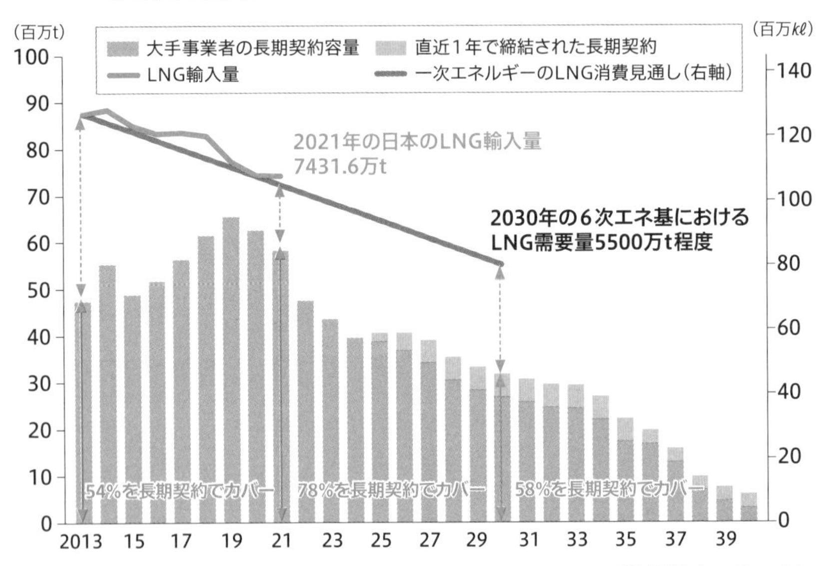

出所：GIIGNL Annual Report、Kpler

2）石炭市場の現状

世界の石炭需要量は 79.29 億 t（2021 年）[3] であるが、自国生産・消費が大半で、貿易量は需要量の 16%、12.70 億 t[4] と限定的である。石炭輸出国は上位からインドネシア 4 億 t（31%）、豪州 3.7 億 t（29%）、ロシア 1.8 億 t（14%）であり、上位 3 カ国で世界の石炭貿易量の 7 割を超える。他方、石炭輸入国は上位から中国 2.9 億 t（23%）、インド 1.9 億 t（15%）、日本 1.8 億 t（14%）であり上位 3 カ国で世界の石炭貿易量の半分を超えるが、アジアは年間 10 億 t 以上の石炭を輸入しており、最大の需要地である。

日本の事業者は 9 割が 1 年以上の長期契約に依存しており、1 年ごとに国内電力会社・製鉄会社と大手鉱物メジャーとの相対交渉によって価格を決定するレファレンス価格を採用しているケースが多い。レファレンス価格は4月から契約期間1年間、10月から契約期間1年間の2種類が存在する。特に東北電力とグレンコアの価格改定交渉はチャンピオン交渉と呼ばれ、国内他事業者の指標となることが多かったことから「ベンチマーク」とも称されているが、近年グレンコアは国内電力会社・製鉄会社等と価格交渉を行うようになっており、東北電力とグレンコアの妥結価格がベンチマークとなる年は減少している。

他方、一般炭取引においては、指標価格として電子取引所運営会社Global Coal社が提供するGlobal Coal Index（GCI）があり、NEWC Index（豪州・ニューカッスル港におけるFOB受け渡し条件）とRB Index（南アフリカ・リチャーズベイ港におけるFOB受け渡し条件）の2指標が存在する。近年、インデックスリンクの契約も増加傾向である。

これまで石炭価格はLNG価格に比べて安価であり、石炭火力はベースロードで活用されることが多かった。しかしながら、2022年にLNG価格が高騰したこと、欧州や中国・インド等の石炭調達意欲が高まったことで市場価格が高騰し、熱量当たりのCIF価格は同年11月に石炭・LNG・石油がほぼ同等の価格水準となった。今後、カーボンニュートラルに向けて石炭火力からの脱却が求められる中、石炭火力の負荷追従運転等、稼働時間の減少が予想され、石炭需要・市場価格はますますのボラティリティーが予想される。

3 2

エネルギー危機における国際燃料市場

1）欧州によるLNG輸入拡大

欧州では、ロシアが2021年10月下旬にYamal Europe Gas Pipelineを断続的に停止して以降、ロシアによる天然ガス供給遮断・ガス不足に対する警戒感が高まり、特に12月第2週にはTTF（欧州の天然ガス価格の指標）が100ユーロ/MWhを超え、通常JKM（アジアの天然ガス価格の指標）よりも安値を付けているTTFがJKMを上回った。これにより、米国から欧州に向けてLNGが大量に出荷されたほか、値差収益狙いのLNGが極東から欧州に対して大量に転売された。12月下旬のクリスマス以降は欧州のLNG輸入は小康状態に入ったが、年明けから再度輸入量が増加し、2022年通年のLNG輸入量は1億471万tと過去最高を記録[5]、世界一のLNG輸入地域[6]となった。また、石炭輸入量も2022年は1億6,622万tと、前年の1億3,155万tから大幅に増加した[7]。

2021～22年冬には、欧州のLNG輸入基地の設備不足も課題になり、受け入れ容量が不足したため、LNG船が外洋で滞船する事態が生じた。そのため、今次エネルギー危機を受け、ドイツ、イタリア、フィンランド、トルコではFSRU（浮体式LNG貯蔵再ガス化設備）の導入が相次いでいる。欧州では2022年、ロシアからのパイプラインガス輸入が前年比3,587万t減少したが、2022～23年のFSRU導入による追加容量は2,339万t/年となり、更なるFSRU導入拡大によって、欧州はロシア産天然ガスの輸入量減少をカバーする姿勢である。他方で、世界には2021年末時点で48隻のFSRUが就航しているが、余剰となっているFSRUは限定的であり、世界的なLNG需要増大を背景にFSRU争奪戦の様相である。事実、ドイツのFSRU傭船料は高騰が伝えられており、今後のFSRU導入拡大は不透明であると考えられる。

図表3-2 主要地域の年次LNG輸入量

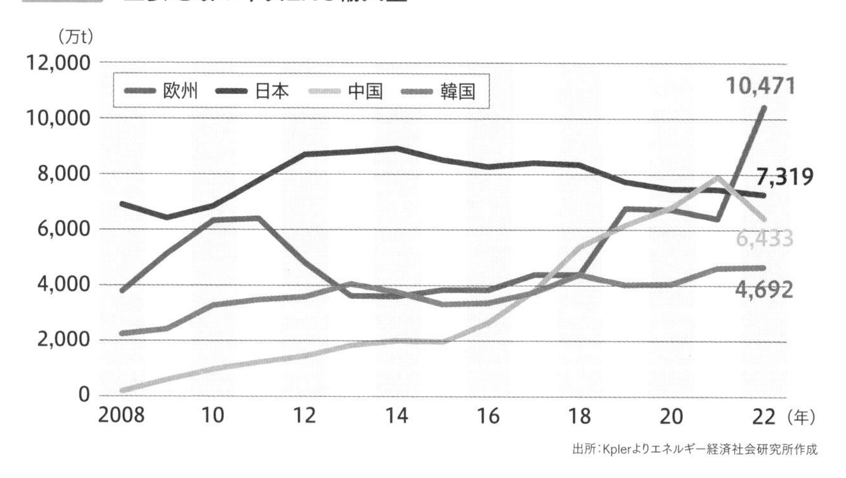

出所：Kplerよりエネルギー経済社会研究所作成

2）欧州の天然ガス需給バランス維持に向けた取り組み

欧州ではノルウェー、英国、オランダなどの国々で天然ガスを生産しているが、エネルギー危機を受けてノルウェー、英国では天然ガスの生産量が増加している。2022年の生産量は2021年と比較すると、ノルウェーはLNG換算で9,355万tと7%増、英国は同2,802万tと16%増となっている。他方で、オランダの天然ガス生産量はフローニンゲンガス田における地震発生を理由に減少を続けており、2022年には2014年以降最低の1,353万t/年となった。

また、欧州委員会や各国政府による節電・節ガスの呼びかけや暖冬もあり、域内ガス需要は減少している。2021年の欧州天然ガス需要はLNG換算で3億5,529万tであったが、2022年は同3億978万tであり、需要が13%近く減少した。

3）欧州のLNG輸入拡大に伴う極東など他市場への影響

欧州のLNG大量調達によりTTFがJKMに比べて大幅に高止まりした結果、市場に流通するスポットLNGが減少し、バングラデシュ、パキスタンといった国々では燃料不足で計画停電が実施された。

特にパキスタンでは、同国と長期契約を締結していたイタリアの石油・ガス会社であるEniがフォース・マジュール（不可抗力条項、契約を守れないことを宣言し責任を負わないことを示す）を宣言してから燃料不足が更に深刻化し、2023年1月23日に全土で停電が発生。復旧に半日以上の時間を要した。欧州のLNG大量調達により、途上国のエネルギー供給に深刻な影響が生じた象徴的な事件であった。

中国はLNGスポット市場の価格高騰を受けて、国内炭の増産、パイプラインガスの輸入拡大に踏み切り、LNG輸入量を抑制、余剰となったLNG、46カーゴをスポット転売した。中国のパイプラインガス輸入量は2022年に前年比8%増の4,582万t（LNG換算）となり過去最高を記録した。中国のパイプラインガス輸入拡大に寄与したのはロシアである。ロシアは2020年から中国に対してパイプライン経由で天然ガス供給を開始したが、2022年には1,132万t（同）を天然ガスパイプラインPower of Siberiaを通じて供給しており、前年比1.5倍の増加となった。これら中国のLNG需要減少は欧州を助け、欧州が2022～23年冬を乗り切った最大の要因となった。

3 3

自由化・再エネ大量導入時代の燃料調達と火力運用

1）再エネの特徴把握と燃料バッファー確保の必要性

欧州では「dunkelflaute（ドゥンケルフラウテ）」と呼ばれる、風が吹かない／日が照らない状態が継続することで、変動性再生可能エネルギー（VRE）の発電出力が長期間にわたって低下し、需給逼迫を招く事態が稀に生じており、電力系統運用上の課題となっている。「dunkelflaute」の課題が最初に認識されたのは、2015年3月20日に発生した皆既日食により太陽光発電が全停止した際であったが、欧州における太陽光導入量がそれほど多くなかったこともあり、大きな問題とならなかった。風力発電の出力低下は2017年冬、2020年冬に発生したが、いずれも一週間ほどで解消されたため、やはり大きな問題とはならなかった。

しかしながら、2021年4月から8月にかけて風力出力が極めて低い状態が続き、その結果、天然ガス需要が例年と比べて高い状態が継続。毎年冬季の高需要期に調整力の役割を担っていた地下ガス貯蔵施設（UGS）に天然ガスの注入ができなかった。このため、冬季の天然ガス・電力供給に警戒感が高まり、市場価格が暴騰した。

これまで、欧州諸国をはじめ、世界各国で太陽光・風力といったVREの本質的な課題である「自然条件に伴う出力変動、即ち出力間欠性の課題」について、深く議論されることはなかった。欧州各国ではロシアのウクライナ侵攻前後から、エネルギー安全保障強化へ向けて、再生可能エネルギー、原子力への投資を拡大しようと動いている。再エネには自国で確保できるkWhの増大、即ちエネルギー自給率向上に資する効果がある。

他方、前述の通り、再エネの出力間欠性の課題に関する議論はなく、この点でのエネルギー安全保障は軽視されたままと考える。英国の2021年・2022年に需給逼迫した日を検証すると、需給逼迫は全て風力発電の出力が極端に低下し、かつ太陽光が発電しない夕方に生じている。

図表3-3 2021年・2022年にNational Grid ESOから容量市場通知が発令された日の電源構成（単位：MW）

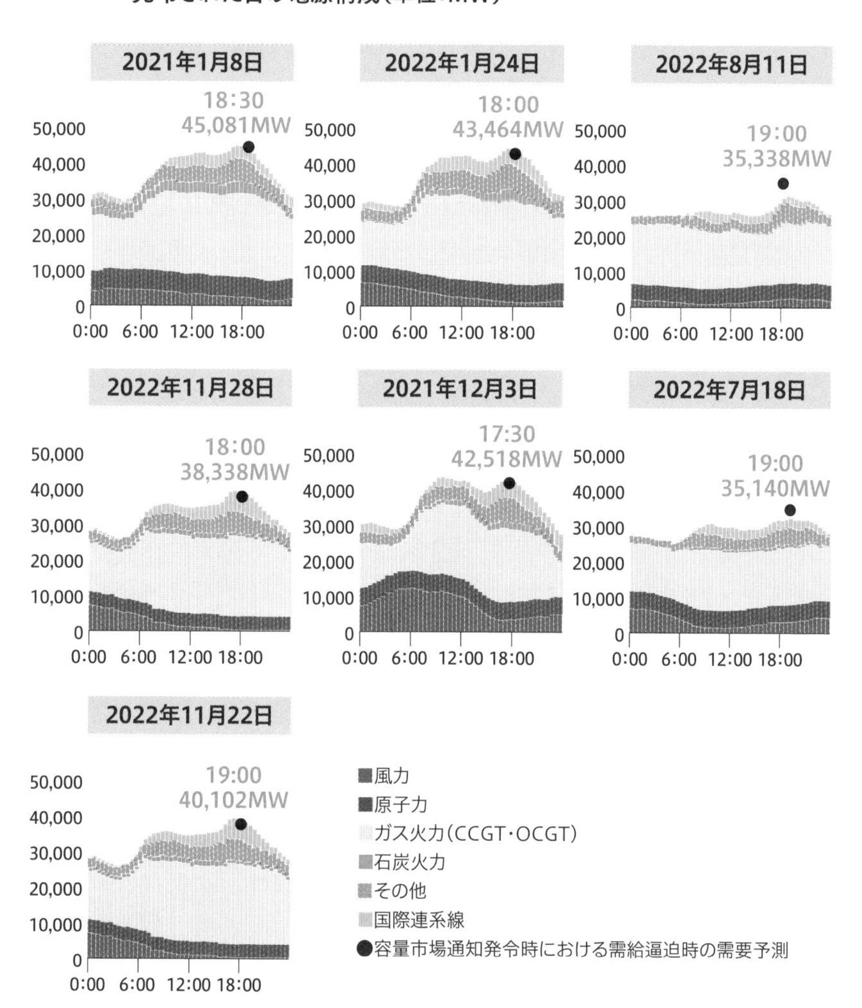

出所：National Grid ESO "GB Electricity Capacity Market Notices"、Elexon Balancing Mechanism Reporting Service

再エネの出力間欠性に対応した供給力確保に向けては、国際エネルギー機関（IEA）が「柔軟性（Flexibility）」という言葉を通じて啓蒙を図ってきた。これは2011年に公開されたレポート「Harnessing variable renewables」において紹介された言葉であり、同レポートでは「電力システムが、予想されるかどうかにかかわらず変動に応じて電力の生産または消費を変更できる範囲」と定義している。IEAの柔軟性の定義は、パリ協定前に公開されたこともあり、再エネ主力電源化時代を想定したものとは言えない。具体的には、電力（kW）面、短期のkWh面にフォーカスされており、電力市場全体で長期間のkWh不足に直面する事態はあまり想定されていない。

日本も再エネ主力電源化を目標としているが、今後、再エネを主力電源とする場合には、どの地域であろうともIEAのようなkW面・短期のkWh面だけでなく、長期のkWh面の柔軟性の議論が必要になる。長期のkWh面における柔軟性確保の視点では、①戦略的予備力となり得る燃料の確保、②長期間活用できるデマンドレスポンス（例えば、2020年カリフォルニア計画停電では、米海軍第3艦隊の航空母艦等軍艦および潜水艦、カリフォルニア州に入港中の商船が陸上給電を1週間取りやめた）、③原子力発電所の出力調整運転――の3つの選択肢が考えられる。

日本では、2020年代後半から洋上風力発電所の大量導入が見込まれる。風力発電は太陽光発電に比べ、発電電力量が多い特性を有する。仮に出力予測誤差が大幅かつ継続して生じた場合には、火力発電所の燃料確保に課題が生じる可能性は否定できない。今後は洋上風力の出力変動・予測誤差発生の可能性を考慮した燃料調達を検討していく必要があり、その費用負担を電気の利用者全体で負担するように求めていく必要がある。

2）エネルギー分野の自由化による影響と対策の必要性

欧州委員会の下部組織である欧州エネルギー規制機関（ACER）は2009

年の第３次欧州電力自由化指令以降、市場流動性の確保と自由化を推進、天然ガス・LNGを調達したエネルギー事業者に対して市場玉出しを求めていた。この頃、リーマン・ショックやシェールガス革命の影響もあり、LNGスポット市場の流動性が増し、欧州のガス・電力市場価格も低下した。欧州のエネルギー事業者は、これまで調達ポジションのヘッジ戦略の一環としてLNG・パイプラインガスの長期契約を締結し、その価格フォーミュラを原油価格リンクとしてきたが、ACERの指導と市場価格低下により、原油各リンクの長期契約をリスクとして認識するようになった。

結果として、欧州公益事業者は原油価格リンクの長期契約価格改定や契約再交渉を進め、市場価格リンクの長期契約やスポット依存を強め、今次エネルギー危機が欧州で深刻化する主要因となった。例えば、フランスのガス事業者Engieが確保している長期契約の99%は市場価格リンクであることがエネルギー規制委員会（CRE）の会合で明らかになり、またロシアのガスプロム（Gazprom）は2020年に公表したIR資料において、同社が欧州へ輸出した天然ガスの86%以上がプロンプト・先物市場価格リンクであったことを明らかにしている。

今次エネルギー危機において市場価格リンクの長期契約は量のヘッジしかできておらず、価格のヘッジができていない状態といえる。他方、日本の公益事業者が締結している長期契約はほとんどが原油価格リンクであるため[8]、電力・ガス市場価格高騰時においても、量も価格もある程度ヘッジできているといえる。他方で、原油価格が独歩高となった場合にはリスクに直面する可能性はある。日本の場合、電力市場は自由化されているものの、市場に拠出する必要があるのはあくまで「余剰電力」であり、市場にさらされているポジションは限られている。日本と欧州では市場構造が異なるものの、自由化・再エネ導入拡大に伴い、日本も原油価格リンクのLNG長期契約が減少しつつある点は留意する必要がある。

再エネ大量導入時代に適応した安定供給確保策とは

今回のエネルギー危機は、欧州においてエネルギー市場価格の暴騰と料金上昇、エネルギー貧困、産業界の経済活動の停滞など様々な課題が噴出した。これまで、気候変動問題に対応するため、欧州は風力発電をはじめとした再生可能エネルギーの導入拡大を図ってきた。移行期におけるエネルギー安定供給の脆弱さはかねてより指摘されていたが、その課題が表面化しエネルギー危機の契機となった。また、欧州は低廉な電気料金・ガス料金の実現に向けて電力・ガスの自由化・市場化も図ってきた。だが、短期の最適化は実現するものの、事業者が長期リスクを負うことは困難になり、電源投資や原油価格リンクの長期契約の締結が困難になっている。これも指摘されてきたことだが、実際に、英国やアイルランドでは、火力電源の除却が進み、高需要期（夏季・冬季）に風力出力が低下すると需給逼迫に陥る状況が続いている。

変動性再生可能エネルギー（VRE）はその特性から、需要に合わせて発電を行うことができず、需要と発電のギャップを埋める供給力の確保、もしくは自らの需要を減少することのできるデマンドレスポンス等の確保が必要になる。欧州はカーボンニュートラル目標の達成に向け、電力システムの柔軟性向上に向けた取り組みを加速してきた。前述した2011年のIEAレポートにおける「柔軟性」の定義は、kW面（発電所確保）、短期のkWh面（短期的な電力融通）にフォーカスされており、電力市場全体で長期間のkWh不足に直面する事態はあまり想定されていない。今回のエネルギー危機の契機となった欧州における長期間の再エネ出力減少には、従来の柔軟性電源の定義では対応できないことが明らかになった。

図表3-4　今後必要となる柔軟性（電源・燃料）

IEAの定義による柔軟性

国際エネルギー機関（IEA）では、2011年に公表したレポート"Harnessing variable renewables"において、柔軟性を「電力システムが、予想されるかどうかにかかわらず、変動に応じて電力の生産または消費を変更できる範囲」と定義している。

IEAの定義による柔軟性リソース	柔軟性取引を行う電力システムの要素
Dispatchable power plants（制御可能な電源）	Power market（電力市場）
Demand side management and response（デマンドマネジメント・DR）	System operation（電力システム運用）
Energy storage Facilities（電力貯蔵装置）	Grid hardware 電力設備
Interconnection with adjacent Markets（隣接市場との連系線）	

2011年に公開されたレポートの定義であり、再エネ主力電源化時代を想定したものとはいえない

出所：東京大学生産技術研究所 第6回ESIシンポジウム DeNA講演資料（筆者作成）

再生可能エネルギーの主力電源化時代には、燃料確保等、コストをかけて安定供給を維持する取り組みが肝要になる。今回のロシア軍によるウクライナ侵攻の前後から発生したエネルギー危機では、移行期における課題を突き付けたといえよう。

脚注・参考文献

1）BP Statistical Review of World Energy 2022
2）GIIGNL Annual Report
3）IEA Coal 2022
4）Kpler Dry
5）過去の欧州 LNG 輸入量は、2019 年 6,800 万 t、2020 年 6,754 万 t 、2021 年 6,431 万 t（出所：Kpler）
6）2022 年の日本の LNG 輸入量は 7,319 万 t、中国の LNG 輸入量は 6,433 万 t（出所：Kpler）
7）過去の欧州石炭輸入量は、2019 年 1 億 5,696 万 t、2020 年 1 億 1,720 万 t、2021 年 1 億 3,155 万 t（出所：Kpler）
8）一部ガス会社は石炭価格リンクや米国の天然ガス指標であるヘンリーハブをリンクした価格フォーミュラが存在する

第4章

再エネ主力電源化に向けた政策と課題

第4章 再エネ主力電源化に向けた政策と課題

2012年のFIT（固定価格買取制度）導入以降、日本では世界トップクラスのスピードで、主に太陽光発電の開発を実施し、制度開始後の再エネの設備導入量は約6,700万kW(2022年3月末時点で運転を開始したもの）となった。しかし、山林が多く国土の狭い日本では、メガソーラーの開発は適地を既に一巡し、近年は、年度あたり設備導入量は鈍化している。

こうした中、2050年カーボンニュートラル、GX（グリーントランスフォーメーション）実現に向けては、洋上風力による大量導入が期待さ

GX実現に向けた主な再生可能エネルギー政策の目標・戦略

分野	施策	2023年〜
電源・イノベーションの加速	洋上風力の大量導入推進	洋上風力案件形成 日本版セントラル方式の確立 （2023年度〜：風況調査、2025年度〜：海底地盤調査結果を踏まえた入札の実施）
電源・イノベーションの加速	浮体式洋上風力の技術開発加速化	浮体式導入目標検討 → 複数の実海域における実証
電源・イノベーションの加速	国産次世代型太陽電池の社会実装化	ユーザー実証 → 需要創出に向けた導入促進策の具体化、ルール整備
系統整備	系統強化や海底直流送電の計画策定・実施	マスタープラン策定（2022年度） → 北海道からの海底直流送電整備 東西連系線増強（2027年度）
調整力	調整力の確保	①蓄電池の導入、②揚水発電所の維持・強化、③水素・アンモニアの導入、④DRの拡大
調整力	定置用蓄電池の導入加速	2030年導入見通し → ①ビジネスモデルの確立 ②系統接続の環境整備 ③収益機会の拡大

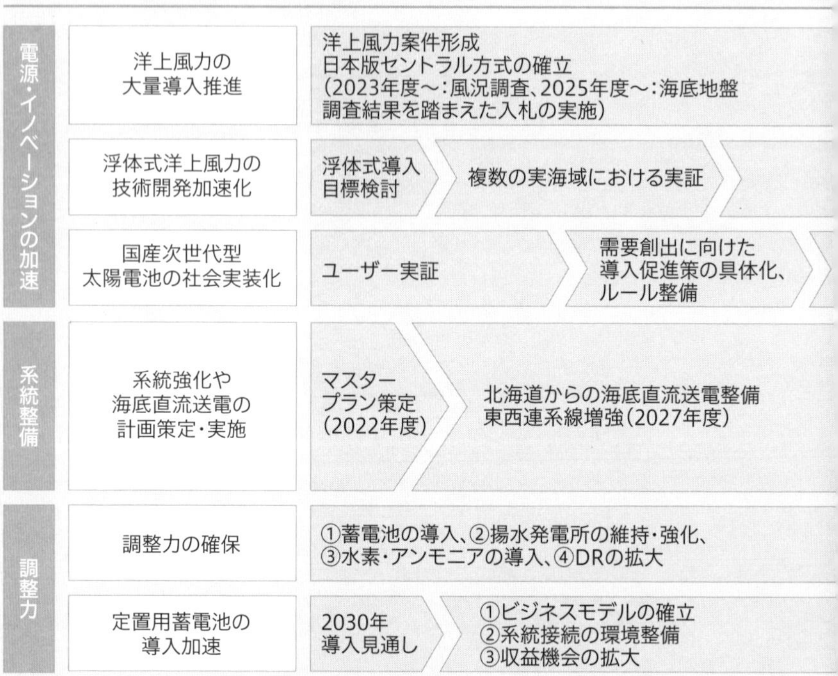

れる。ただし、洋上風力は開発から運転開始までのリードタイムが比較的長く、息の長い取り組みが必要で、本格的な導入は2030年以降と見込まれている。

一方、太陽光の大量導入により、既に調整力の確保が課題となっている。更なる洋上風力の大量導入に向けては、発電地から需要地への新たなネットワーク整備に加え、蓄電池やデマンドレスポンス（DR）、さらに長期的には水素による大規模・長期間のエネルギー貯蔵の実用化など、柔軟性（フレキシビリティー）の確保が期待される。

2030年

2050年

1GW/年以上の案件形成
一般海域での
大規模洋上風力運転開始

2030年：
10GWの案件形成

2040年：
30-45GWの案件形成

浮体式の入札実施
(2020年代後半)

浮体式の社会実装の実現

2030年度に向けた
GW級の量産体制構築

国内外での社会実装の実現

マスタープランに基づく
系統整備(試算：約6兆～7兆円)
(2028年度以降)

次世代ネットワークの
整備による再エネ大量導入

様々な種類の蓄電池を
グリッドに接続し調整力として活用

出所：内閣官房GX実行会議「GX実現に向けた基本方針　参考資料」をもとに中島みき氏作成

4　1

野心的な削減目標と再エネ主力電源化

中島 みき

日本政府は2020年12月、「2050年カーボンニュートラルに伴うグリーン成長戦略」を策定し、これと整合する形で2021年4月、パリ協定における2030年度の温室効果ガス削減目標（NDC: Nationally Determined Contribution、国別削減目標）を、2013年度比で従来の26%削減から「野心的な目標」として46%削減に改めた。

2021年10月に閣議決定された「第6次エネルギー基本計画」［基礎用語参照］では、2030年度46%削減目標を踏まえた「野心的な水準」として、電源構成で36～38%程度の再生可能エネルギーの最大限導入を掲げている。この水準は、経済産業省・資源エネルギー庁の総合資源エネルギー調査会基本政策分科会で示された、①現行政策努力継続ケース（再エネの適地が減少する中で、政策努力の継続により現行ペースを維持・継続した場合の見通し）②政策対応強化ケース（更なる政策対応を強化した場合の、定量的な政策効果が見通せるものを織り込んだ試算）③野心的水準（責任省庁による施策具体化・加速を前提に、その効果が実現した場合の野心的な見通し）――のうち、③に該当するものである。これは従来のエネルギー基本計画との相違点であり、この46%削減がそれだけチャレンジングな目標であることを意味している。

その後、2023年2月に閣議決定された「GX実現に向けた基本方針」では、国際公約である2050年カーボンニュートラル達成を目指すべく、再エネ主力電源化へ、最大限導入拡大に取り組むことで、再エネ比率36～38%、すなわち「野心的な水準」の確実な達成を目指すことが明確に示された。具体的な政策について、順を追って見てみよう。

1）再エネの主力電源化

はじめに、2030年に向けたエネルギー基本計画と、2050年カーボンニュートラルにおいて、それぞれどの電源種が主力として期待されているかを理解しておきたい。2012年のFIT（固定価格買取制度）導入を契機に、日本ではこの10年間で再エネ電源が飛躍的に増加した。制度開始後の設備導入量は約6,700万kW（2022年3月末時点で運転を開始したもの）と制度導入前の4倍以上で、特に目立つのが太陽光発電の導入拡大だ。しかし、山林が多く国土が狭い日本では、広大な平坦地を必要とするメガソーラーの敷設には限界があり、年度あたりの申請設備容量は近年、減少傾向にある。2050年カーボンニュートラル達成には一層の再エネ導入が必要となるが、洋上風力発電の案件形成から運転開始に至るまでは長期間を要することから、2030年に向けたエネルギー基本計画においては太陽光発電の導入が中心となっている。自治体によるポジティブゾーニング（導入促進区域の設定）や建築物の屋上・屋根や空港など公共施設への設置、農地転用ルールの見直し、FITやFIP（フィード・イン・プレミアム）［第4章-2参照］によらない、需要家とのPPA（Power Purchase Agreement, 電力購入契約）による太陽光導入モデルの拡大などが検討されている。

2030年以降の2050年カーボンニュートラル達成に向けては、洋上風力発電の稼働や次世代型太陽電池（ペロブスカイト）の早期の社会実装が期待される。

洋上風力発電の大量導入には、民間の関連産業の競争力強化によるコストダウンや基地港湾などのインフラ環境整備が欠かせない。これらを官民一体で進めるための協議会（洋上風力の産業競争力強化に向けた官民協議会）が設立され、2020年12月に「洋上風力産業ビジョン（第1次）」が取りまとめられた。この中で、2030年までに1,000万kW、2040年までに

3,000万～4,500万kWの案件形成が政府目標として据えられ、産業界では、国内調達比率を2040年までに60%に引き上げ、着床式風力発電コストを2030～2035年までに8～9円/kWhに引き下げる目標が明示された。加えて、案件形成を加速するため、（複数事業者による調査の重複実施を避け）政府主導で風況や海底地盤等の調査を進め、系統を確保する「日本版セントラル方式」の導入や、系統マスタープラン［第4章-2参照］の具体化、洋上風力発電の適地と需要地を結ぶ直流送電などの具体的検討を行うことが示された。

2）2度のFIT法改正の経緯と概要――国民負担の抑制の視点から

前述のとおり、FIT導入を契機に、日本では主に太陽光発電を中心に、この10年間で再エネ電源が飛躍的に増加した。特にFIT導入当初3年間の太陽光発電の買取価格は、導入に弾みをつけるための利潤配慮期間として、2012年は40円/kWh、2013年は36円/kWh、2014年は32円/kWhと非常に高かった。この高い買取価格を背景に、山林の土地を造成して大規模な太陽光パネルを設置してもなお十分な採算性が確保できたことから、特別高圧規模のメガソーラーの多くはこの3年間で系統接続の申し込みが行われた。

他方、FIT等における買取費用の総額は増加の一途を辿り、FIT導入当初の目標値であった約4兆円に対し、2023年度の買取総額は4.7兆円に達する見通しだ。国民負担の抑制が大きな課題となっており、2017年4月に施行された改正FIT法では、中長期的な買取価格目標の設定やFIT入札制度の導入が実施された。加えて、世界的に太陽光パネルのコストダウンが進む中、制度導入から3年間の高い買取価格を確保しながらコストダウンを待ち、より利潤を高めようと稼働を意図的に遅延させるケースも問題となった。こうした未稼働案件の防止を目指し、新認定制度（設備自体を認定する「設備認定」から「事業計画認定」へ変更し、認定基準も厳格化）

が創設された。

FITは、再エネ導入初期に普及拡大の弾みをつけることを目的としたもので、時限的な特別措置として創設されたものであり、FIT法にも2020年度末までに抜本的な見直しを行う旨が規定されていた。2022年4月施行の改正FIT法（エネルギー供給強靭化法）では、発電コストの内外価格差を踏まえ、一層の国民負担の抑制を目指し、競争力のある電源と見込まれるものについてはFITからFIPへ順次移行することとした。

FIPの最大の特徴は、補助額（プレミアム）が一定で、収入が市場価格に連動する点である。FITの下では、事業者はいつ発電しても価格が一定で収入は変動しなかったが、FIPは事業者への補助額（プレミアム）が一定で、収入そのものは市場価格に連動する（補助額は、市場価格の水準に合わせて一定の頻度で更新される）。このため、事業者は市場の価格変動リスクを負うと同時に、市場価格が高い需要ピーク時に蓄電池の活用などで発電量を増加させるインセンティブを有することから、他電源による調整コストの抑制に寄与し、国民負担の軽減が期待される。具体的なプレミアム（供給促進交付金）の額は、基準価格（FIP価格）から参照価格（市場取引等により期待される収入）を控除した額がプレミアム単価として算定され、これに再エネ電気の供給量を乗じた額を基礎として決定される（図表4-1）。

さらに未稼働案件に対しては、運転開始予定時期から一定期間が過ぎると失効とすることで、厳格化を図った。加えて、太陽光発電設備の廃棄処理量が増える懸念が各地域で顕在化しつつある。2030年後半以降に想定される大量廃棄のピークに対応すべく、10kW以上の全ての太陽光発電の認定案件を対象として、調達期間終了前10年間において、調達価格等算定委員会で想定する廃棄等費用の金額を、原則として源泉徴収的な外部積立を行うことが義務付けられた。

図表4-1 FIT制度とFIP制度の違い

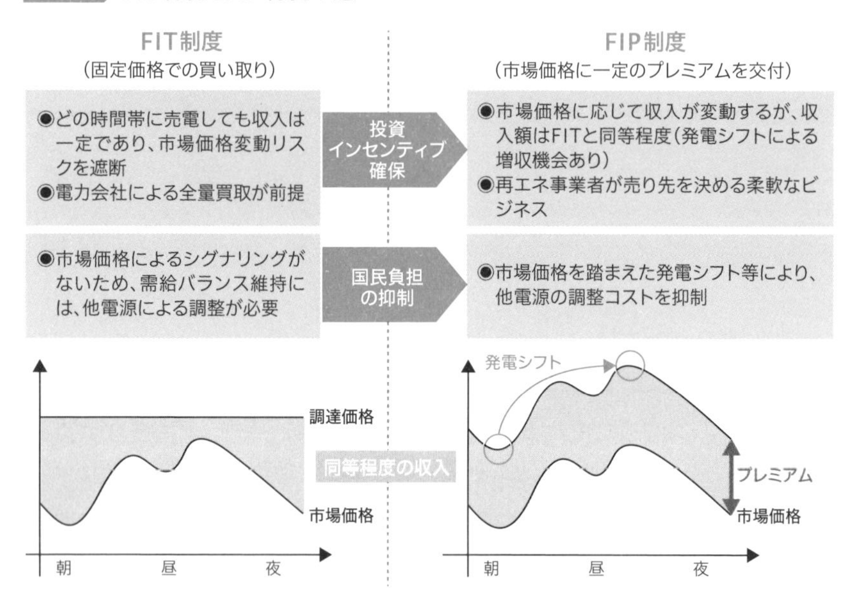

出所：経済産業省 総合エネルギー調査会 省エネルギー・新エネルギー分科会／電力・ガス事業分科会 再生可能エネルギー大量導入・次世代電力ネットワーク小委員会（第39回） 基本政策分科会 再生可能エネルギー主力電源化制度改革小委員会（第15回）合同会議資料1（2022年2月14日）

3）洋上風力への期待と制度の整備

今後、大量導入が期待される洋上風力発電について、政府の「第３期海洋基本計画」では、海域を長期占用する際の制度整備を行うとされ、2018年の「第５次エネルギー基本計画」においても、海域利用ルールの整備や系統制約の克服、基地港湾への対応等の導入促進策を講じていくと記載されていた。2019年施行の「海洋再生可能エネルギー発電設備の整備に係る海域の利用の促進に関する法律（再エネ海域利用法）」［基礎用語参照］により、①FIT制度の買取期間とその前後に必要な工事期間を合わせた占用期間（30年間）の確保②地元の関係者との調整を行う協議会の設置③事業者公募の枠組み――が具体化し、プロセスが動きだした。

自然条件が適当であること、漁業や海運業等の先行利用に支障を来さないこと、系統接続が適切に確保されること等の要件に適合した一般海域内の区域が再エネ海域利用法上の「促進区域」として指定され、事業者は公募入札により選定されることとなった。「有望な区域」は、「海洋再生可能エネルギー発電設備整備促進区域指定ガイドライン」に基づき、促進区域指定の前段階として、早期に促進区域に指定できる見込みがあること等が必要となる。「一定の準備段階に進んでいる区域」は、利害関係者を特定し、協議会開始の合意が得られていることなどを満たすと「有望な区域」に整理され、協議会の議論等を経て「促進区域」に指定される（図表 4-2）。

図表4-2 現在の促進区域・有望な区域・準備区域の状況（2023年5月12日時点）

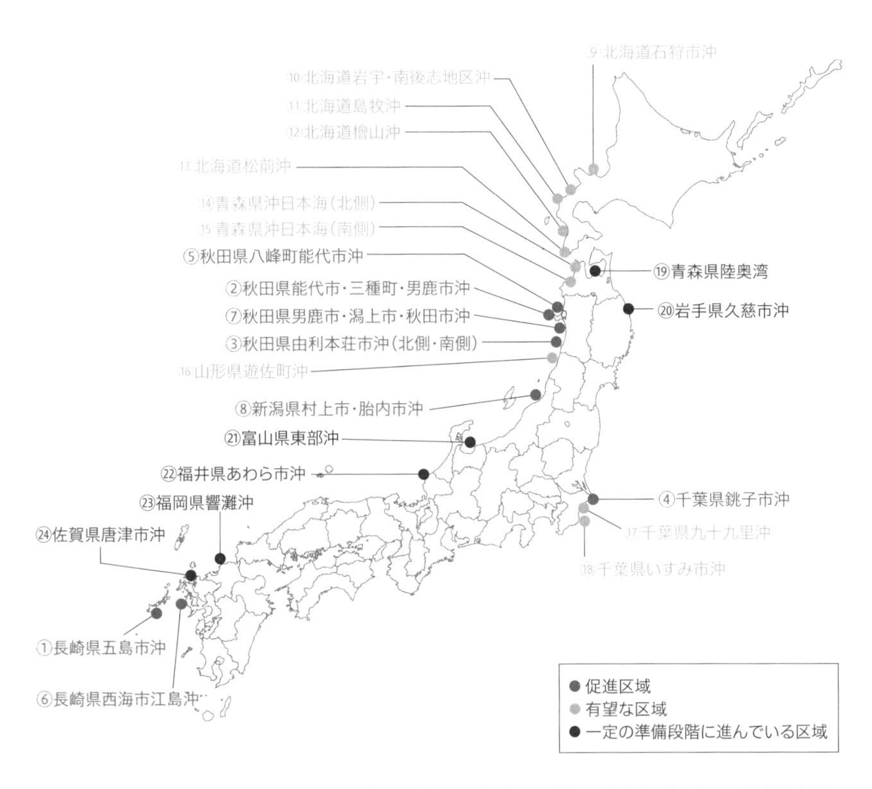

出所：経済産業省ホームページ「再エネ海域利用法に基づく区域指定・事業者公募の流れ及び案件形成状況」

公募の評価方法に関しては、事業者を評価する配点等について「一般海域における占用公募制度の運用指針」が2019年に公表されており、公募実施にあたっては、本指針に基づき、各海域に関する公募占用指針を作成し、当該地域の知事に対する意見聴取やパブリックコメントを経て確定する。

2021年12月には初回となる千葉県・秋田県沖3海域における公募選定が行われ、3海域全てを三菱商事系・中部電力グループらの共同事業体が落札。落札額も11.99円/kWh～16.49円/kWhと上限価格より大幅に引き下げる結果となった。

初回公募の結果、複数の事業者による十分な競争効果が見られたことから、着床式洋上風力発電については、全てFIP制度へ移行することとなった。同時に、公募プロセス見直しの議論がなされ、2022年10月に「一般海域における占用公募制度の運用指針」が改訂された。改訂の主なポイントは、早期の運転開始や事業の実行面に評価のウエートを置いたことや、多数の事業者へ参入機会を与える観点から、公募参加者1者（1コンソーシアム）あたりの落札規模を制限する場合があることなどである。なお、この1者あたりの落札数の制限に関しては、検討の過程で事業者の予見可能性が損なわれる、適正・公正な競争環境を歪める可能性があるとの反対意見も少なくなかったことから、あくまで国内洋上風力産業の黎明期のみに実施することとし、同時公募する区域数や出力規模を踏まえて公募ごとに適用有無等を検討することとされた。また、営業運転開始予定日から遅延した事業者へのペナルティーも追加された。

4 2

系統整備と調整力

中島 みき

1）電力系統の増強

再生可能エネルギーの大量導入を進めるにあたっては、再エネの出力変動を吸収する柔軟性（フレキシビリティー）を確保することが大前提となる。従って、（系統単位である）地域間で共有・融通するための地域間連系線の強化、あるいは下位系統の能力増強という電力系統の整備が今後、大きな課題の一つとなる。

大量導入が期待される風力発電については、風況・海象等が良い適地に偏りがあり（地域偏在性）、かつ大消費地が遠く離れている。このことから、需要地に送電するため、一般送配電事業者の供給エリアの系統設備を相互に接続する「地域間連系線」の増強が必要となる。

電力系統を増強する際はこれまで、電源からの個別の要請に都度対応・検討しており（プル型）、全体として非効率な系統形成になったり、増強完了まで長期間を要するといった課題が生じていた。こうした課題を踏まえ、エネルギー供給強靭化法 [基礎用語参照] では「プッシュ型」として、将来の電源のポテンシャルを考慮して系統整備計画を立てる「マスタープラン（広域系統長期方針）」の策定が定められた。

マスタープランは、中長期的な系統形成についての基本的な方向性を電力広域的運営推進機関（広域機関）が策定する。評価算定期間における系統形成費用とその便益を比較（費用便益評価）し、便益が費用を上回る蓋然性が大きいと判断した場合、個別の系統増強の検討を具体化する。

2023年3月公表のマスタープランでは、2050年頃の系統のあり方が示された。連系線や地内系統の新設・増強について費用便益分析が行われた結果、ベースシナリオで東地域（北海道～東北～東京間）の海底直流送電線（HVDC）や東京中部間連系設備（FC）の増強など、総額6兆～7兆円の投資をしてもそれを上回る便益を確保できる可能性があるとしている。

政府の「GX実現に向けた基本方針」において、地域間連系線については、今後10年間程度で過去10年間（約120万kW）と比べて8倍以上の規模（1,000万kW以上）で整備を加速、北海道からの海底直流送電については、2030年度の整備を目指すとしている。これらの投資に必要となる資金調達を円滑化する仕組みも整備されることとなった。

2）系統増強費用負担のスキームと託送料金改革

ここで、今後増加することが見込まれる系統増強費用に対する、新たな負担のスキームについて解説する。

地域間連系線の増強と、それに伴うエリア内系統の増強費用は、「全国調整スキーム」によって費用を負担することとなった。連系線増強で得られる3E（経済効率性、安定供給、環境への適合）の便益のうち、①広域メリットオーダーによりもたらされる便益に相当する分については、原則として全国負担（全国託送方式）、②安定供給の確保に相当する便益分については従来通り各地域の一般送配電事業者の負担（各地域の託送料金）とする。③再生可能エネルギー由来の（電力価格低下およびCO_2削減）効果に相当する社会的便益については、改正FIT法（エネルギー供給強靭化法）の下、賦課金方式により費用を回収して「系統設置交付金」として交付されることとなった。

さらに補足すると、①の一部については、日本卸電力取引所（JEPX）の値差収益（地域間連系線の制約により市場が分断された結果として発生する地域間の値差に由来する収益）が活用され、その一部を「広域系統整備交付金」として交付されることとなった。

図表4-3 全国調整スキーム

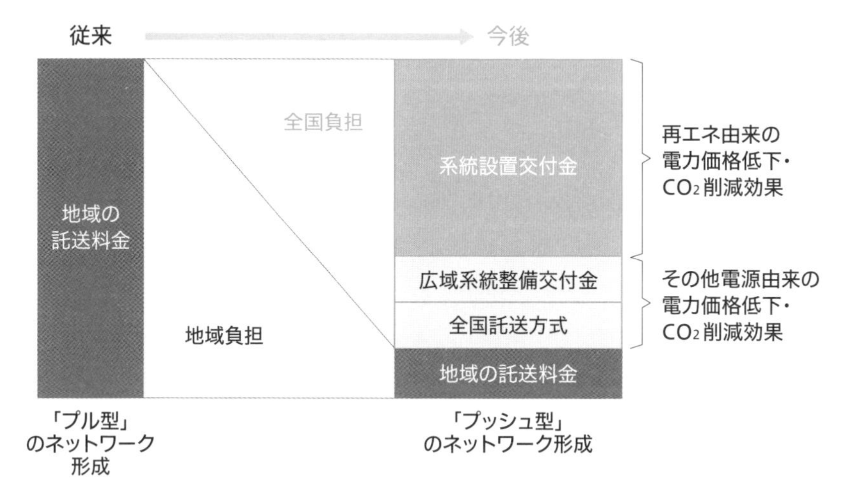

出所：経済産業省　総合資源エネルギー調査会 基本政策分科会　持続可能な電力システム構築小委員会第二次中間取りまとめ（2021年8月）より電気新聞作成

次に、再エネ大量導入などの需給動向の変化を踏まえた送配電網の整備を一般送配電事業者が行うにあたり、費用効率化を図りつつ必要な投資を確保する仕組みとして、託送料金の算定にレベニューキャップ制度［第５章コラム②参照］が導入された。2023年４月にスタートした制度で、国の策定する指針に基づいて、一定期間（規制期間）に達成すべき目標を明確にした事業計画を策定し、その実施に必要な費用を見積もった収入上限（レベニューキャップ）について国の承認を受け、その範囲で託送料金を設定する制度である。設定する目標は、安定供給や再エネ導入拡大、次世代化等の分野からなり、達成状況に応じてインセンティブが付与されることとなった。

3）調整力の確保

電気は大量には貯蔵できず、系統全体で瞬時瞬時の需要量と供給量（発電量）を絶えず一致させる必要がある。再エネ主力電源化に向けたもう一つの課題が、再エネの変動性に対応する調整力をいかに確保し、需給バランスを維持するかという点である。［第2章コラム①参照］

電力システムの需給バランスを確保するための仕組みとして、日本では2016年4月の小売り全面自由化以降、計画値同時同量制度が導入された。具体的には、発電・小売事業者が30分単位で電力需給の計画値と実績を一致させるもので、そのために実需給の1時間前（ゲートクローズ：系統運用者への需給計画提出の締め切り）までに、計画値（30分値）を提出する。その上で、実需給時点で計画値と実績値の差分（インバランス）が発生した場合は、一般送配電事業者があらかじめ調達した調整力により需給を一致させている。

ただし、FIT（固定価格買取制度）が適用される再エネ電源（FIT電源）の発電量は、時間帯に関係なく発電した全量を固定価格で買い取ることとなっていることから、電力市場における計画値同時同量制度との整合を図るため、本来、FIT電源の発電事業者が行うべき発電計画の作成や発電予測変動の調整を、一般送配電事業者等が行っている（FITインバランス特例制度）（図表4-4）。

FITインバランス特例制度のうち、現状、本制度適用の大半を占める一般送配電事業者が計画発電量を設定するケースについては、小売電気事業者が前日10時入札のJEPXスポット市場から計画的に調達できるようにするため、一般送配電事業者は前々日の16時に発電計画を策定して小売電気事業者に通知（前日6時に再通知）する仕組みとなっている。しかし、FIT電源の大部分を占める太陽光発電の発電量は日射量等の予測が非常に困難で、実需給1時間前（ゲートクローズ）までに予測誤差が発生する。この再エネ予測誤差が系統全体のインバランスの大半を占めることが課題と

図表4-4 FITインバランス特例制度

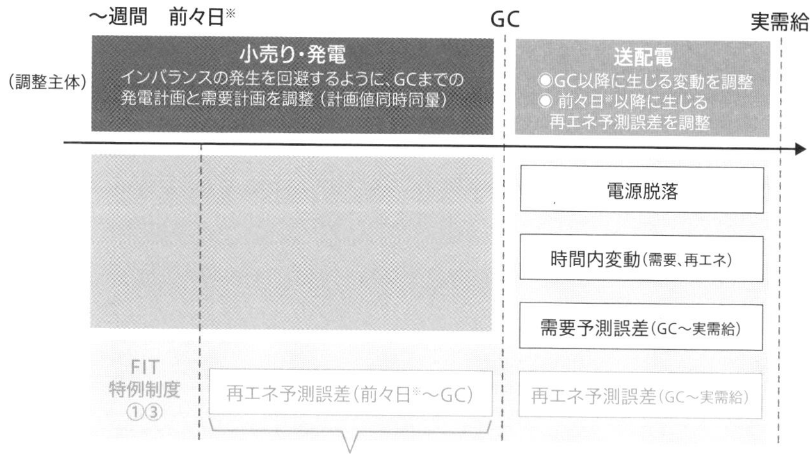

※2020年4月以降、前々日16時の計画値通知後、前日6時に再通知を行う運用に変更されている。
※FIT特例制度③に関しては前日朝を起点とした予測誤差として、同様に一般送配電事業者が対応する。

出所：経済産業省　総合エネルギー調査会 省エネルギー・新エネルギー分科会／電力・ガス事業分科会 再生可能エネルギー大量導入・次世代電力ネットワーク小委員会（第22回） 基本政策分科会 再生可能エネルギー主力電源化制度改革小委員会（第10回）合同会議資料3（2020年12月7日）

なっている。（なお一般送配電事業者および広域機関において、再エネ予測精度の向上へ、複数の気象モデルを活用することで予測の大外しを低減するなどの取り組みがなされている）

一般送配電事業者は、こうした再エネ予測誤差に対応するため、これまではエリア毎に調整力を確保してきたが、2021年度より、需給調整市場・三次調整力②（Replacement Reserve for FIT、指令からの応動時間が比較的長い45分、2025年度から60分に延長予定）として広域調達に移行した。

この調整力確保に要する費用は、以前は託送原価に計上されておらず、回収できない費用として一般送配電事業者が負担していたことが課題となっていたが、2021年度より再エネ賦課金で負担し、FIT交付金として一般送配電事業者に支払われることとなった。

ただ、三次調整力②の調達費用は、翌年度分の費用見込みに基づき一般送配電事業者に交付する仕組みになっており、2021年度は交付金算定時の見込みと取引実績とで約 1,030 億円、2022 年度は 800 億円程度の乖離（未収金）が生じており、交付金の算定のあり方について継続して議論されている。

需給調整市場の対象商品は順次拡大し、2024 年には一～三次の全ての調整力が市場取引に移行する予定である。前日同時市場 ［第 2 章 -3 参照］の検討を含め、調整力全体としての効率的な調達、ひいては電力システム全体における最適化といった視点からの検討が期待される。［第 2 章コラム①参照］

4）FIP制度の下でのバランシング——フレキシビリティーの確保

FIT は、再エネ導入初期の普及に弾みをつけるための制度であり、本格的に再エネの主力電源化を目指すにあたっては、他の電源と同様に支援制度や特例によらず電力市場への統合を進めていく必要がある。FIP は、再エネ電源が FIT から自立化するまでの途中経過に位置付けられ、基本的に電力市場の仕組みを反映しつつ、過度に不確実性が高まることのないよう詳細設計された。

電力システム全体の調整コスト削減が大きな課題となっている中、FIP では、インバランス特例制度は適用されず、他の電源と同様に、計画値同時同量制度の下、インバランス費用負担が課されている。バランシングコストについては、バランシングのノウハウが蓄積されるまでの経過措置として一定の金額（2022 年度は 1.0 円 /kWh、以降低減）が交付されることとなった。

今後、FIT 期間満了を迎える電源（卒 FIT 電源）や FIP 電源は、自らインバランスリスクを負い需給管理を行う必要がある。一方、日射量や風況など自然条件により出力が変動する電源（自然変動電源）のみで発電計画を立て、計画値同時同量を達成することは容易ではなく、出力調整可能な電源や蓄電池等を組み合わせたバランシンググループ（BG）を組成することにより、効率的に需給調整を行い、ひいては社会全体の調整力を削減することも可能になる。小規模な再エネ電源を束ねて蓄電池などの分散型リソースなどと組み合わせ、需給管理や市場取引を代行する「アグリゲーター（特定卸供給事業者）」が改正電気事業法上で新たに位置付けられ、2022年4月よりライセンスが創設された。なお、FIP電源についても、蓄電池や他の電源等と組み合わせてBGを組成することが認められており、オンラインでの出力制御などの要件を満たせば、FITからFIPへの移行も可能となっている。

今後、再エネ自然変動電源の大量導入に伴い、安定供給を行うためには、調整力に加えて慣性力［基礎用語参照］等も必要となる可能性がある。また、現在、揚水発電や火力発電によって調達される調整力が不足する可能性もある。その先には、出力制御可能な電源に加え、デマンドレスポンスや（脱炭素化した調整力としての）蓄電池、さらに長期的には水素による大規模・長期間のエネルギー貯蔵の実用化など、フレキシビリティーの確保が期待される。

COLUMN 3

マスタープランと直流送電

山田 竜也

1 再生可能エネルギーの主力電源化に向けた系統増強計画

脱炭素電源として重要な再生可能エネルギーの導入拡大に向け、「2030年度の電源構成に占める再エネ比率36～38%」の確実な達成を目指す政府方針が、2022年12月のGX実行会議で改めて示された。国民負担の抑制と地域との共生を図りながら、S＋3Eを大前提に、再エネ主力電源として最優先の原則で最大限導入を拡大すべく、関係省庁・機関が密接に連携しながら取り組みを進めるとの方針だ。

この実現に向けた中長期的な対策として電力系統整備の加速が重要となるなか、系統整備の具体的対応策として、マスタープラン（広域系統長期方針）と呼ばれる全国大での系統整備計画が示された。マスタープランに基づき、系統整備の費用便益の分析を行い、地元理解を得つつ、既存の道路、鉄道網などのインフラの活用も検討しながら、全国規模での系統整備や海底直流送電の整備が進められることになった。地域間を結ぶ系統については、今後10年間程度で、過去10年間と比べて8倍以上の規模で整備を加速するとともに、北海道からの海底直流送電については、2030年度を目指して整備が進められる。さらに、系統整備に必要となる資金調達を円滑化する仕組みの整備が行われる予定である。

2 マスタープラン（広域系統長期方針）の概要

将来の電力系統のあるべき姿であるマスタープランが、2022年度に電力広域的運営推進機関（OCCTO）の「広域連系系統のマスタープラン及び系統利用ルールの在り方等に関する検討委員会（マスタープラン検討委員会）」で議論され、パブリックコメントを経て2023年3月に公表された。長期展望における各シナリオでは、水素製造や二酸化炭素直接回収（DAC）など需要側対策で再エネの余剰電力を吸収することが想定されているが、そのような設備がどの程度、電源近傍に立地するかで系統の増強規模が変わる。さらに技術革新や電源立地などには不確実性があるため、将来的な情勢変化も考慮して増強規模を縮小・拡大させた「複数シナリオ」が設定された。

その結果、いずれのシナリオにおいても、北海道―東北―東京間の海底直流送電や関門連系線の増強の必要性を打ち出している。その他、再エネ拡大に向けた「日本版コネクト＆マネージ」［基礎用語参照］や、高経年化設備更新ガイドライン、費用便益評価のシミュレーション結果や整備計画の具体化などこれからの取り組みについても記載されており、今後、このマスタープランに基づき系統整備が進められることになる。

3 海底直流送電の実現に向けて

2050年カーボンニュートラル実現には、再エネ発電の導入拡大を見込める北海道・九州から、電力の大消費地である東京・大阪に送電する体制が必要となる。そのための地域間連系線の強化策の一つとして、2030年度の利用開始を目指し、新たに日本海ルートで北海道と本州を結ぶ200万kWの海底送電線建設が計画されている。実現に向けた課題として、巨額の費用捻出がある。北海道―本州間の海底送電線は太平洋ルートも合わせると1.34兆～1.8兆円規模の巨大プロジェクトとみられ、送配電事業者を後押しするため、資金調達を支援する枠組みが整えられる。現在の制度では送電線の整備費用を電気料金から回収できるのは、完成して利用が始まってからとなり、それまでは資金の持ち出しが続くため、投資に消極的になりかねなかった。2023年通常国会で成立したGX脱炭素電源法［第6章、基礎用語参照］では、必要に応じて着工時点から回収できるように制度を改めている。例えば、海底送電線の建設期間中に計数百億円規模の収入が想定されているため、初期費用の借り入れが少なくて済み、総事業費の圧縮にもつながると期待される。

2050年までのマスタープランでは、北海道～東北～東京ルートにおける海底送電線を3兆円前後で日本海側は400万kW、太平洋側は600万kWにまで増強する計画（図表4-5）となっており、2050年までの全国の整備費用はトータルで6兆～7兆円に上ると見込まれている。

図表4-5 マスタープラン・ベースシナリオを前提とした場合の系統増強費用

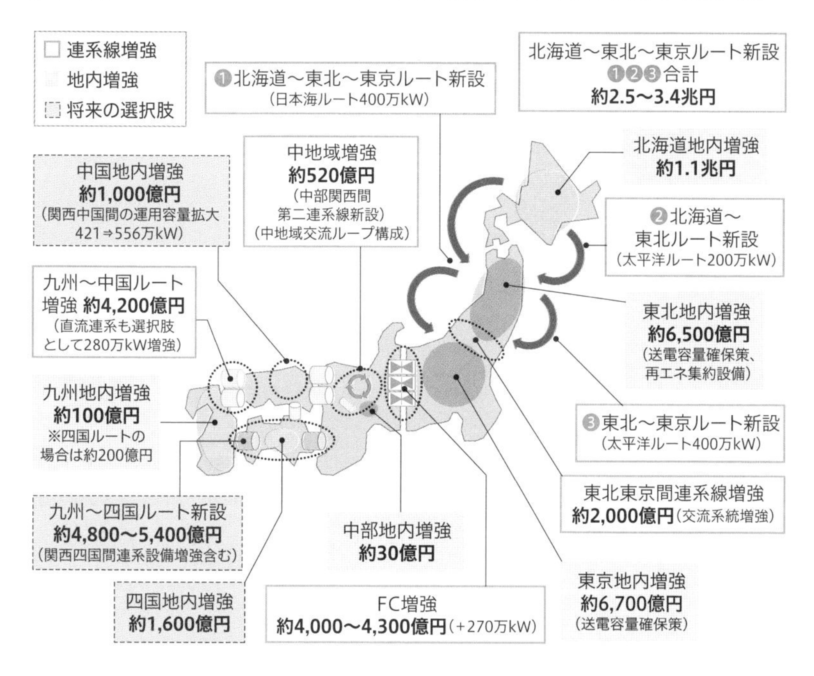

出所:電力広域的運営推進機関「広域系統長期方針(広域連系系統のマスタープラン)【概要】」

第 5 章

分散型
エネルギー資源
活用の新潮流

第5章 分散型エネルギー資源活用の新潮流

太陽光発電をはじめとする再生可能エネルギー、蓄電池、自家用発電設備、生産設備、電気自動車（EV）といった分散型エネルギー資源（DER：Distributed Energy Resources）が存在感を増している。背景には、昨今の電力需給危機や電源投資の停滞から供給力としてのDER活用に注目が集まっていること、また再エネの出力変動に対する調整力（フレキシビリティー）としての活用機会が増えていることなどがある。

DERが頭角を現すきっかけとなったのが、デマンドレスポンス

分散型資源活用のイメージ

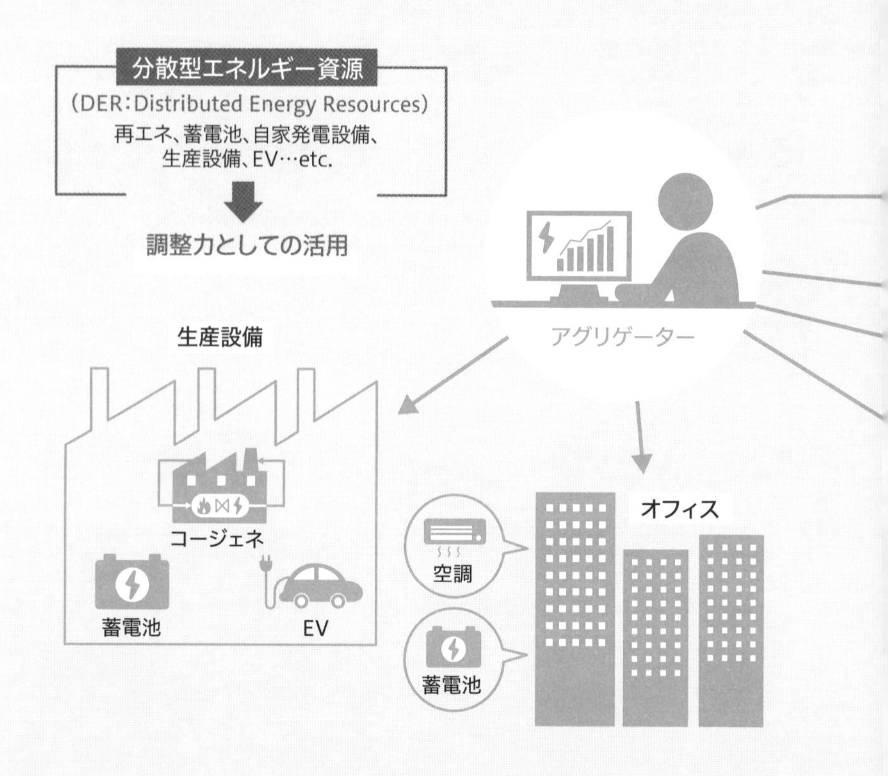

（DR）の活用だ。2016年度に始まった調整力公募では「電源Ⅰ´」にDRも参加できるようになり、その後、容量市場や需給調整市場でも活用可能なリソースとして位置付けられることとなった。

VPP、アグリゲーションビジネスへの展開など活用の場も広がりを見せるなか、制度的・技術的な課題への対応も着々と進められている。例えば個別機器ごとの電力量計測（機器点計測）の実施や低圧・小規模リソースが参入しやすい仕組みづくり、次世代スマートメーターで取得が可能になるDER計量データの活用などが挙げられるだろう。

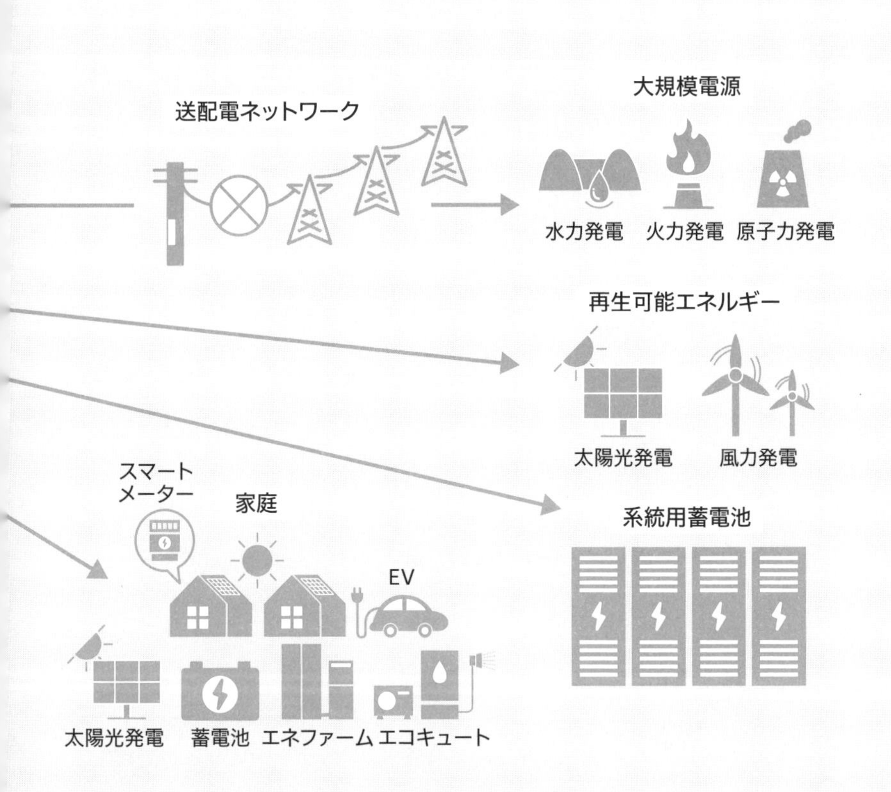

5 1

DR・DER活用の歩み

西村 陽・平木 真野花

わが国における分散型エネルギー資源（DER:Distributed Energy Resources）の活用経緯を見てみよう。電力小売り自由化は2000年から段階を経て行われていたが、発電設備のほとんどは旧一般電気事業者の電源が占めていた。このため電力供給の基本的な考え方は、まず需要家の必要な量を予測し、それに対して必要な量を大規模な発電所で効率的に発電し、需要家へ送るという、規模の経済に基づくものであった。これに対しDERは小規模分散型のエネルギーシステムであり、具体的には太陽光発電をはじめとする再生可能エネルギー、系統用蓄電池、需要側エネルギー資源（DSR:Demand Side Resources、顧客の需要内の電気自動車〈EV〉、空調、生産設備、蓄電池、自家用発電設備）などの設備を用いてコントロールできるリソースが該当する。

欧米では先んじてDER活用に関する制度導入が検討されており、日本でも議論こそされてきたが、転機となったのは2011年の東日本大震災だといえよう。特に注目されるべきポイントは次の三つである。

一つ目は、東日本大震災後の需給危機及び発電投資の停滞から、DSRへの注目が高まったことがある。2012年以降の原子力発電プラントの運転停止により日本は深刻な電力需給危機に陥ったが、その際に大規模かつ集中化された発電所に頼るリスクを考慮して、DSR発掘に注力すべきであるというエネルギー政策が示された（2014年度、第4次エネルギー基本計画）。その後10年を経過しても日本経済自体の低迷や人口減少、省エネの推進などによって電力需要の伸びが期待できないこと、再エネの導入で新規電源の稼働率向上が期待できないことから[第 2 章参照]、DSR 活用はさらに重要性を増している。

二つ目は、2012 年の FIT（固定価格買取制度）開始により、太陽光発電をはじめとする再エネの導入量が急激に増加、電力需給調整への対応が迫られた点である。再エネは天候によりその発電量が大きく上下することから、それを予測することが難しい。よって、実需給の直前でその誤差に対して素早く対応できる手段が求められるようになった。

三つ目は IoT 技術の進化である。IoT 化により、離れた場所にある DER をつなぎ、遠隔から指令・制御することが可能になった。そうした多様な DER 活用を VPP（Virtual Power Plant：仮想発電所）と呼び、DER を集めてあたかも発電所のように機能させることを指している。VPP が従来の発電所と並ぶ存在としてその機能を果たせるようになってきたともいえる。

そして DER をつなぐ役割としてアグリゲーターが必要とされるようになり、2022 年度からは特定卸供給事業制度（アグリゲーターライセンス）の導入により、アグリゲーター事業を行うものはライセンスを取得することになっている。VPP 構築へ、アグリゲーターの役割に対しての期待はますます高まっている。

1）VPPからアグリゲーションビジネスへ

VPP 実証については、DSR を統合的に制御するアグリゲーションビジネスの確立を目指し、経済産業省の補助事業として、2016 年度から VPP 構築実証事業（2021 年度以降は DER アグリゲーション実証事業）が行われている（図表 5-1）。

具体的には、一般送配電事業者が、容量市場や需給調整市場においてアグリゲーターと発動指令情報をやり取りする簡易指令システムの構築や、アグリゲーターが発動対応するサーバー・リソースの設置・改造に対する補助を行い、技術実証を展開する。

実証は、アグリゲーターやDERが市場参加する際に必要な要件の洗い出し・新規ビジネス創出を目的に行われ、年度を重ねるごとに制御の高度化も進んでいる。

またEVを活用したV2G（Vehicle to Grid、EVを「蓄電池」として活用し電力会社系統に接続し活用する試み。近年、災害時に移動できる非常電源としても注目されている）実証等、昨今の環境変化を踏まえ、一部のDERリソースに特化した取り組みも行われている。

この実証で洗い出された技術的・制度的課題は、調整力公募、容量市場及び需給調整市場でDERを活用する際の参加要件に反映されている。

図表5-1 VPP構築実証と調整力公募・需給調整市場等への参加要件

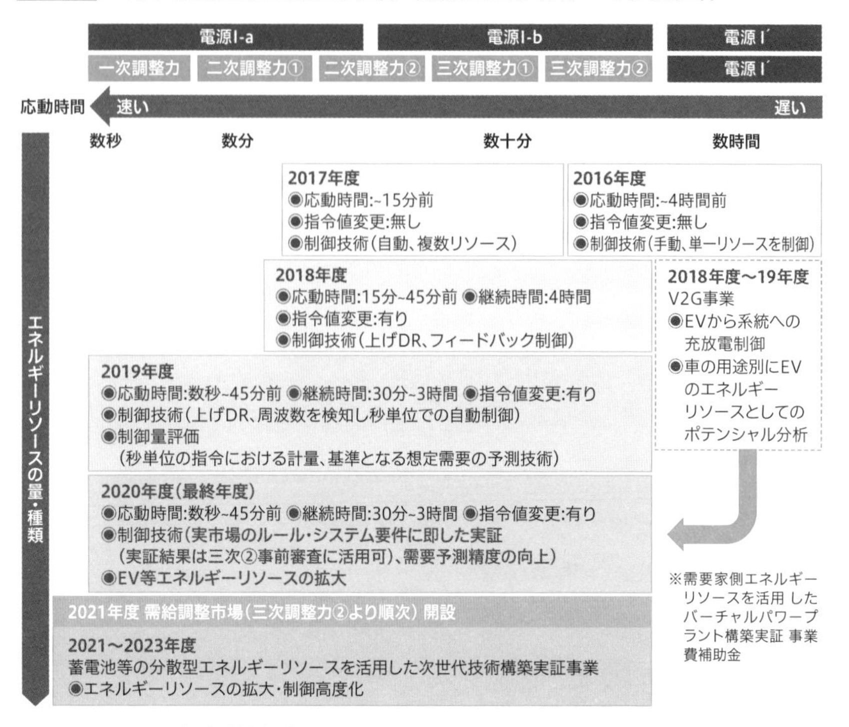

出所：経済産業省　第16回 エネルギー・リソース・アグリゲーション・ビジネス検討会資料6（2021年7月14日）をもとに筆者作成

2）DRの調整力への活用

DERで最初に活用されることとなったのがデマンドレスポンス（DR）である。DRは、DER活用の中でも必要時間帯に電力使用量を上げ下げするもので、もともと大規模需要家を中心に北米の一部地域で採用されていたものだ。日本では従前、このような機能の一部に該当する電気の契約も存在していたが、2014年からの実証事業を経て2016年度からは本格的に「調整力公募」として募集が始まり、翌年から実際に電力の需給調整用に使われることとなった。

背景には2016年のライセンス制導入［基礎用語参照］により、周波数や需給バランスの調整は各エリアの一般送配電事業者が担うこととなり、調整力は一般送配電事業者が調達することになった事情がある。調整力公募には求める機能により複数の電源種別があるが、その中の「電源Ⅰ´厳気象対応調整力（電源Ⅰ´）」というカテゴリーにはDRも多数参加している。

電源Ⅰ´は、電力需給が逼迫した際のセーフティーネットの役割を担うものだ。過去10年の中で最も猛暑・厳寒であった年度並みの気象を前提とした需要（厳気象H1需要）時においても、国からの特別な節電要請や、計画停電を行ったりすることがないよう、あらかじめ一般送配電事業者が電源を確保することが目的である。猛暑時や厳寒時に供給力等が不足するのは1年間のうちでも限られることから、電源Ⅰ´の発動は工場などが稼働し需要が高い夏季（7～9月）・冬季（12～2月）の平日9時～20時に限られ、発動時は開始3時間前に指令を受け、発動は1日1回限り、継続時間は3時間、年間の発動上限12回とされている。このためDRのように1回あたりの継続時間や年間における実施回数に制限があるリソースでも参加できる仕組みとなっている。

2016年度に募集が開始された電源Ⅰ´は当初、5エリア（東北（冬季のみ）、東京、中部（夏季のみ）、関西、九州）で始まったが、2020年度からは全エリアで通年募集が行われるようになった。また、DRの落札容量も

2017年度の95.8万kWから2023年度は224万kW（2023年度は九州エリアを除く）と増えており（図表5-2）、この6年でDRに供するDERの発掘が進んだことが見て取れる。

図表5-2 **調整力公募結果**

年度	募集容量	応札容量（万kW）			応札件数			落札容量（万kW）			落札件数		
		合計	電源	DR	合計	電源	DR	合計	電源	DR	合計	電源	DR
2017	132.7	165.4	54.2	111.2	63	6	57	132	36.2	95.8	41	5	36
2018	132.2	175.4	59.3	116.1	55	7	48	132.2	36.1	96.1	46	7	39
2019	199.1	206.3	107.5	98.8	56	9	47	194.3	105	89.3	50	8	42
2020	428.7	619.5	420.8	198.7	207	73	134	426.5	297.7	128.9	91	41	50
2021	423.4	819.7	498.2	321.4	371	110	261	427.3	251.4	175.9	152	52	100
2022	365.3	1150.6	484.4	666.2	432	126	306	363.7	134.1	229.7	152	40	112
2023	367.4	1046.0	358.6	687.4	424	92	332	384.4	132.2	252.2	162	37	125

出所：電力・ガス取引監視等委員会　制度設計専門会合資料をもとに筆者作成

3）電源Ⅰ´から容量市場へ

電源Ⅰ´は調整力公募で募集される形態の一つであるが、実際に求められている要件は調整力というより供給力に近い。2022年度に実施された2023年度向けの公募が最後の調整力公募となり、2024年度からは、電力広域的運営推進機関（OCCTO）が運営する、容量市場［第2章-4参照］の「発動指令電源」に移行する。容量市場はDERにとっては実需給年度における発動要件はほぼ変わらないものの、募集スキームや発動時の運用において調整力公募と比べ、アグリゲーターにとってはハードルが高くなっている。主な点は次の3点である。

1点目は、容量市場は実需給年度の4年前にオークションでの入札が行われ、2年前の実効性テストを踏まえ契約容量が決定される点だ。4年前にオークションが開催される目的は、大規模電源の新設やリプレース検討にあたって、長期的な投資回収の予見性を持たせるためである。一方、発動指令電源として参加するDERにとっては、活用する設備の運用計画は操業や設備更新のスケジュールが前提となるため、その計画は前年頃までは確定しないケースが多い。よって、DERの参加条件の変更スケジュールと市場のスケジュールがそぐわないケースが発生する。例えば実需給年度に新規の設備が完成していて指令に応動できる場合であっても、その2年前の実効性テストに参加していないと、市場からのkWに対する報酬を得ることができないケースである。調整力公募は対象年度の前年度の秋ごろに公募が行われていたため、容量市場の発動指令電源になることで、参加するDERの入退出や容量増減に関する柔軟な対応が難しくなったといえる。

2点目は、発動時に創出するkWh（電力量）は、アグリゲーターが相対契約に基づく小売電気事業者等への供給や、卸電力取引所等への入札を通じて、適切に提供することが求められる点である。調整力公募では、取り扱う電気の価値は「調整力」であったため、発動時のkWh料金はあらかじめ入札時に設定した単価で精算され、kWの報酬とともに一般送配電事業者から支払われていた。一方、容量市場においては、取引されるのはあくまでも供給力（kW）のみであるため、発動時はアグリゲーターがkWhの取引を行う必要がある。また、発動時はDERと契約を結んでいる小売電気事業者へ、「発動を受けた」旨を通知するとともに需要抑制計画を速やかにOCCTOに提出する必要がある。DRにおける「需要抑制量」とは、あくまでも30分コマごとのベースラインから実際の使用量の差分が供出量となるため、その値を算出するためには各リソースのベースラインを算定する必要がある。アグリゲーターにとってこれらの運用は、いつ発動されるか分からない状況において、需要家の対応（発動通知）や複数保有するバランシンググループ（BG）の計画変更作業、複数ある小売電気事業者への通知を短時間で実施せねばならず、実務負担が多いという面もある。

3点目は、価格のボラティリティー（変動性）が非常に大きい点である。2020年度に初めて実施された2024年度向けオークションでは、発動指令電源に対して14,137円/kWという高値が付いた一方、2025年度向けは3,495円/kW（北海道・九州は5,235円）、2026年度向けは5,032～8,749円／kWという乱高下が起き、DERの参加に対するモチベーションが下がっている。

既存火力などの発電所にとっては、当該年度の収入を参加する複数市場でトータルに確保することが可能である。一方、市場要件として容量市場しか参加できないDERにとっては、調整力公募の時代には発生しなかった大幅な価格の下落が起こると、発動時の需要抑制に対するコスト（自家発起動費および燃料費、生産のタイムシフト実施による人件費の増額等）を回収できない場合は参加しないという選択肢を取らざるを得ないケースも出てきている。

このように、安定的な発動指令電源の確保のためには、容量市場価格の安定が重要となる。

5 2

ERABビジネスの発展

西村 陽・平木 真野花

1）DER活用の契機となった需給調整市場開設

分散型エネルギー資源（DER）の活用において、大きな転換点となったのが需給調整市場の開設である。需給調整市場は調整力（⊿kW）を取引する市場であり、2024年度に全メニューの取引が始まるが、2021年からは三次調整力②、2022年度からは三次調整力①が先立って取引されている。最初に取引が始まった三次調整力②はFIT（固定価格買取制度）対象の再生可能エネルギー発電量の予測誤差を補うものであり[第4章-2参照]、一部地域で約定価格が高騰したことも話題となった。

容量市場では、発動時には設備を止めたり自家発を起動させたりすることで契約容量以上に需要抑制もしくは発電設備の増発ができれば市場のアセスメント（要件）が満たせることから、設備を保有している需要家は細かい制御を求められないため比較的参加が容易である。

一方、需給調整市場で取引されるのは調整力であるため、指令に合わせて変動させることが要件となる。このため、「需要」として参加する地点であれば電気を買う量、「発電」として参加する地点であれば系統に送る量を指令に合わせて変動させる必要がある。例えば、需要で参加する地点で調整力を1,000kW落札し、当該ブロックで100％の発動指令を受けた場合は、あらかじめ提出した基準値計画から1,000kW下げた値で電気を買う必要がある。そして、許容されるアセスメント範囲は落札量の±10％の誤差の範囲であることから、この場合は±100kWまでの変動がアセスメント適合範囲となる。また、指令量は30分コマごとに変動する可能性がある。三次調整力②であれば、その指令を受けるタイミングは開始時刻の45分前となるため、発動時間中も変更指令に対する対応をタイトなタイミングで行う必要がある。

また、DERはいわゆる発電所と異なり、大規模工場など相当の電力需要がある地点である。通常、電力需要はその日の工場の生産計画や天候による空調の調節により日々異なるため、自家発電設備の発電量や蓄電池の放電量をコントロールするだけでは基準値計画通りに応動することは困難である。よって、指令を受けた際に、需要変動も踏まえ、電気の買う量を自動制御するシステムの構築が必要となってくる。このようなDERのIoT化については政府の補助事業「令和4年度補正　電力需給ひっ迫等に対応するディマンドリスポンスの拡大に向けたIoT化推進事業」の対象にもなっており、今後さらにシステム構築は加速するものと考えている。

現在開設されている三次調整力①②については、調達量不足（落札量が募集量に満たない）が顕在化しており、市場の競争不足による価格の高騰や調達量不足による安定供給への支障が懸念されているところである。DERにとっても参加に向けて準備すべき事項は多いものの、アグリゲーターが率先して補助金の活用等を含めた導入促進に取り組んでいくべき分野である。また、DERが容量市場と需給調整市場とのマルチユースにできるよう成長することで、複数市場からの収入によりアグリゲーター側の収支安定化も図ることができる。

2）蓄電池ビジネスの活性化

さらに、2021年度の補助事業の開始を皮切りに系統用蓄電池ビジネスも盛り上がりを見せている。事業者は再エネ事業者や投資会社、電力会社が多いとみられ、昨今の燃料費高騰による卸電力市場の乱高下による収益拡大や、蓄電池が得意とする早い応動が求められる需給調整市場の開設により、日本においても海外で先行している系統用蓄電池が参入できる市場の下地ができてきた。これにより収益化の見通しが立ってきたことが背景にあると考えられる。

系統用蓄電池は、FITにおける太陽光発電のように設置をすれば発電量を固定価格で買い取られる訳ではなく、いつ充電・放電をするか、またどの市場に参加するのかという判断により事業収支が大きく変動する。特にリチウム電池の場合、充放電を繰り返すと劣化が進むため、その特性を考慮した運用も求められる。さらに市場入札に伴い、バランシンググループ(BG)［第2章-3参照］における需給運用も必要とされるため、FIT再エネを保有する事業者などが自身で運用する場合、FIT電源では不要だった運用にかかる体制構築およびシステムが必要となる。

一方、アグリゲーターにとってはその保有するシステム、体制に加え、今まで容量市場や需給調整市場に参加してきた知見を活かして運用を代行できる事業分野であるといえる。

5 3

分散型電力システムの展開

西村 陽・平木 真野花

分散型エネルギー資源（DER）に関する国の議論は加速している。

2021年10月に閣議決定された第6次エネルギー基本計画では、電力の需要サイドにおけるエネルギー転換を後押しするための省エネ法改正を視野に入れた制度的対応の検討ポイントが示された。具体的には供給サイドの発電量変動に合わせたデマンドレスポンス（DR）等、需要の最適化を適切に評価する枠組みの構築が記載された。エネルギー安定供給を第一とし、経済効率性の向上による低コストでのエネルギー供給の実現、環境の適合を実現するための施策としての需要側リソースの活用が初めて明記された。

また、2022年11月には経済産業省・資源エネルギー庁の「分散型電力システムに関する検討会」が立ち上がり、拡大する再エネや蓄電池・電気自動車（EV）のDERをより積極的に活用するため、制度・技術の両面から包括的に検討する場もできた。DERは、容量市場や需給調整市場などの電力市場におけるエリア全体での活用、および小売電気事業者による経済DR（インバランスの負担や、卸電力市場からの調達を回避した方が経済的にメリットがある時に実施するDR）としての活用に加え、今後は海外での先行事例も踏まえ配電系統での活用についても検討が進むであろう。また、DRの対象設備が指令に対して応動しているにもかかわらず、全体の需要がぶれることによりDRの実績が把握できない地点については、①機器点計測による需給調整市場参入の検討②小規模リソースが参入しやすい制度設計――など、DERがより社会的な基盤として活用されるような環境づくりに向けての検討が進んでいる。

DERの議論を進めるにあたっては、活用する設備が同じであっても、活用する主体（小売電気事業者、アグリゲーター等）および活用先（小売バランシンググループ、電力市場、配電系統等）によりどんな計量方法や契約形態が最もリソース特性に適しているか、常に意識しながら進めることが必要である。

例えば、日々様々な設備が稼働し需要が作られている工場を例に考える。工場全体の電力需要を計測する受電点においては、需給調整市場に拠出するための日々の基準値計画を策定し、そこから供出量の調整を行うことは難しい。一方で機器点計測が認められ、該当設備を制御できれば、他の需要に左右されることなく需給調整市場に参加することが可能となる。

また、家庭用蓄電池などの小規模なリソースをまとめて活用する際、地点ごとの電力需要のベースラインや詳細な実績を個別に把握することは費用対効果の観点から困難であるため、小売電気事業者が活用主体となることでそのハードルが越えやすい。一方、小売で活用する場合、需要家が小売のスイッチングを行った場合に活用できなくなるというデメリットもあり、どのように活用するのが最も効果的か、今後検討が必要となる。

このように、EVや蓄電池をはじめとするDERのさらなる活用については、ユースケースの整理、計量などの技術・制度面の多方面における議論が並行して行われている。

5　4

次世代スマートメーターとデータ活用

西村 陽

分散型エネルギー資源（DER）発展のカギとなる基礎インフラが、2024年から導入が始まる次世代スマートメーターと、それにより実現するであろう電力データの活用（特定計量制度に基づくDERデータ収集機能を含む）である。

現在、一般送配電事業者が需要家に設置している電力量計は、2011年の東日本大震災以降に検討され、2014年に閣議決定された第4次エネルギー基本計画に基づき設置されてきたスマートメーターである。これは、震災時の電力需給危機の反省に立って、より電力需要を正確に把握する機能を備えるとともに、時間毎に使用電力量を測定することで電力小売自由化の下での競争促進を目的としたものであった。

これに対して2024年から導入が予定されている次世代スマートメーターは、再生可能エネルギーの大量導入に対応した分散型電力システム構築のためのインフラとして、電力の需要サイドの動きをより精密に把握し、関連した市場取引やビジネスに活用することを目的にいくつかの機能拡張が図られている（図表5-3、5-4）。

まず時間粒度（計量単位の時間的細かさ）については、託送制度の基本単位である「30分」から、より短い15分単位での計量・データ蓄積を可能とする機能を持つ。また配電レベルの再エネバランシング（電力需給の一致）に貢献するため、電圧データも収集できるようにしたほか、水道・ガスとの共同検針も可能にしている。

図表5-3 次世代スマートメーターの標準機能（現行の低圧スマートメーターとの比較）

▒仕様変更なし　□仕様変更

	計量器			通信・システム				
	計測粒度	計測項目	記録期間	Aルート（取得頻度・通知時間）	Bルート	保存期間	データ提供	付随機能
現行の仕様	30分値	有効電力量	45日間	（全データ）30分毎・60分以内	Wi-SUN, PLC	2年間	小売事業者等	◉遠隔開閉機能 ◉遠隔アンペア制御機能（単相60A以下）
	瞬時値	有効電力電流	―	ポーリング		―		
次世代の仕様	30分値(15分値は計量器に記録のみ)	有効電力量※1	取引又は証明に必要な期間	（全データ）30分毎・60分以内	（主）Wi-SUN（従）Wi-Fi 2.4GHz ※取得項目は、30分値、1分値、瞬時値	3年間を軸に検討	小売・発電事業者、アグリゲーター、配電事業者、エネマネ事業者等	◉停電早期解消機能（ポーリング・30分値利活用） ◉遠隔開閉機能 ◉遠隔アンペア制御機能（単相120A以下） ◉ IoTルートを用いた共同検針、特定計量データ結合
	5分値	有効電力量※1 無効電力量電圧	データのサーバー送信等に必要な期間	需要家の10%程度以上の5分値を数日以内 需要家の3%程度以上の5分値を10分以内				
	1分値	有効電力量※1	60分間					
	瞬時値	有効電力電流	―	ポーリング				

※1　有効電力量の取得・表示桁数は、託送システム等まで8桁でシステム構築
出所：経済産業省　次世代スマートメーター制度検討会とりまとめ（2022年5月31日）

図表5-4 次世代スマートメーターの標準機能（現行の高圧・特高スマートメーターとの比較）

▒仕様変更なし　□仕様変更

	計量器			通信・システム		
	計測粒度	計測項目	記録期間	Aルート（取得頻度・通知時間）	Bルート	保存期間
現行の仕様	30分値	有効電力量 無効電力量	45日間	（全データ）30分毎・30分以内	Ethernet（有線）	2年間
次世代の仕様	30分値（15分値は計量器に記録のみ）	有効電力量※1 無効電力量	取引又は証明に必要な期間	（全データ）30分毎・30分以内	（主）Ethernet（有線）（従）Wi-SUN（無線） ※取得項目は、30分値、1分値、瞬時値	3年間を軸に検討
	5分値	有効電力量※1 無効電力量	データのサーバー送信等に必要な期間	需要家の10%程度以上の5分値を数日以内		
	1分値	有効電力量※1	60分間			
	瞬時値	有効電力電流	―	ポーリング		

※1　有効電力量の取得・表示桁数は、託送システム等まで8桁でシステム構築
出所：経済産業省　次世代スマートメーター制度検討会とりまとめ（2022年5月31日）

さらに、次世代スマートメーターの最大の特徴は、計量法の運用合理化に伴い特定計量制度に基づくDERの計量データを取り込める点である。これまでの計量法の下では、太陽光発電、蓄電池、電気自動車（EV）、電気給湯器、空調機などDER機器の計量は検定計量器でしかできなかった。特定計量制度はこうしたDERの機器端に特例計量器を設置し、電力取引をできるようにするものだ。ここで次世代スマートメーターを活用することで、特例計量器の計量結果を通常のスマートメーターデータと同じMDMS（メーターデータ・マネジメントシステム）に取り込めるようにした。これにより、DERの設置・活用サービスはより安いコストで提供できる場合がある。

また検定計量器ではなくなることで、10年の検定有効期間満了後に取り換える必要もなくなるので、（特例計量器の精度が維持されることが前提だが）ユーザーと10年を超える契約によるビジネスもやりやすくなる。

これらの次世代スマートメーターの進化と特定計量制度の開始は、再エネ大量導入、DERの普及と活用の必要性といった電気事業全体の次世代化と密接に関係している。一般送配電事業者、アグリゲーター事業者、発電・小売事業者、ユーザーすべてがその活用とかかわっていくことになる。

5　5

配電事業ライセンスと分散グリッド

西村 陽

配電ライセンスは、2020年に成立した「エネルギー供給強靭化法（レジリエンスまとめ法）」で、電気事業者の新たなライセンスとして導入された。一般送配電事業者の持つ配電線を譲渡または借り受け、地域の再生可能エネルギーと需要家を組み合わせて配電事業を形成する事業者のためのものであり、2022年4月から届け出が可能になった。

具体的には、配電事業を行う者が一般送配電会社からの支援を受け、対象地域の配電・小売事業を行うことで事業運営する。当然、そのエリアの行政（自治体）や地域の大規模ユーザー、地域分散グリッドに必要な電力関連技術や再エネ・蓄電池関係の技術を持つ企業が中心となり、あるいは参画する形が考えられる。実際に2020年以降、経済産業省が行っている「地域マイクログリッド構築支援事業」では、太陽光・バイオマス・風力といった地域の再エネとエリア内の需要家を結びつけた地産地消を志向する多くの試みが見られている（図表5-5）。

しかしながら、実際に地域の発電と需要を組み合わせ、システム投資も行ってかつ電力市場とも取引しながら事業を成立させるのは簡単ではなく、現状では技術的な検証を行っている段階といえる。ただ、より長期的にみると、日本社会における人口減少の中での持続性確保、地域に残る旧FIT（固定価格買取制度）再エネの活用、配電事業者が上位系統に対して提供するローカル・フレキシビリティーによる混雑解消・再エネ吸収など様々なポテンシャルを持っており（図表5-6）、その育成もまた大事な論点といえる。

図表5-5 地域の系統線を活用したエネルギー面的利用システム

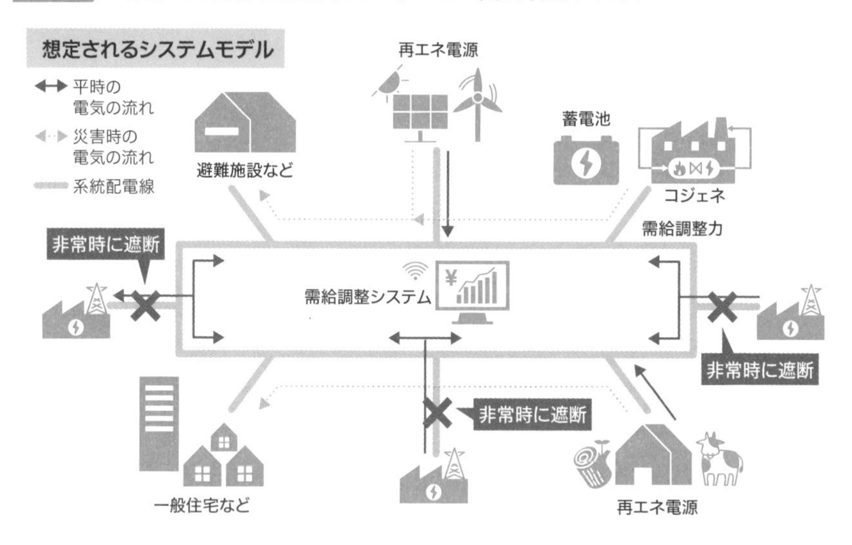

出所：第4回地域社会における持続的な再エネ導入に関する情報連絡会資料6（2019年12月6日）

図表5-6 配電ライセンスによるローカル・フレキシビリティー活用のパターン

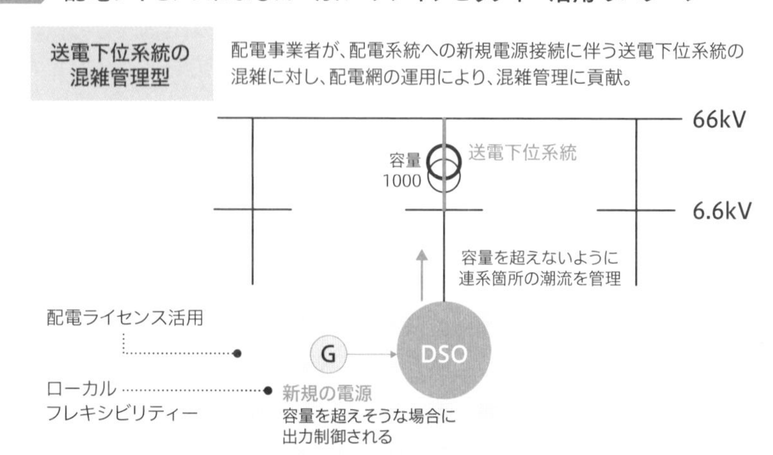

出所：経済産業省　第8回 総合資源エネルギー調査会 基本政策分科会
持続可能な電力システム構築小委員会資料1-2（2020年12月18日）をもとに筆者作成

COLUMN ④

太陽光のコーポレートPPAは拡大一途なのか？

阪本 周一

消費者側企業が直接、再生可能エネルギー由来の環境価値を調達しようという動きが顕在化している。「コーポレート PPA」と総称され、需要家（消費者側企業）と発電事業者が長期の電力購入契約を結ぶ形態を指す。消費者企業の需要地点に太陽光などの発電設備を敷設するスキームを「オンサイト型」、需要地点から離れた場所に発電設備を敷設するスキームを「オフサイト型」といい、特に「オフサイト PPA ＋自己託送」という手法（図表 5-7）が注目を集めている。ここでは「オフサイト PPA ＋自己託送」に関わる各事業者の思惑、課題を述べたい。

図表5-7 自己託送によるコーポレートPPA

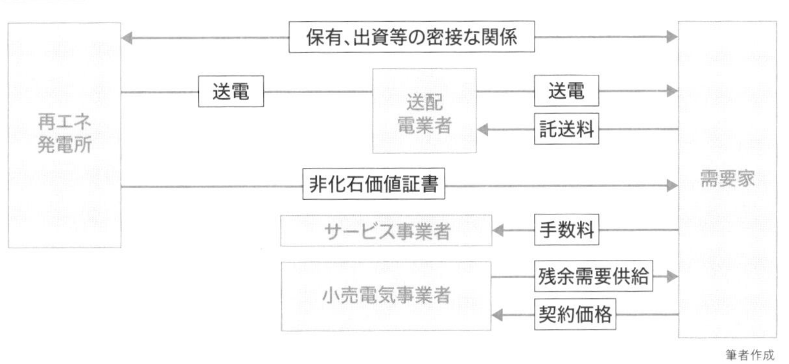

「オンサイト PPA」が発電場所と消費場所が同一地点であるのに対し、「オフサイト PPA ＋自己託送」は消費地とは別の場所にある再エネ（多くの場合、太陽光）発電所の電力を、自己託送（一般送配電事業者の

ネットワークを介して別の地点で受電すること）により獲得するものだ。発電所を消費者側企業が自ら保有することで、自己託送の要件を満たし、かつ長期間・固定価格での再エネ電力調達を可能とする。

メリットは様々ある。

<消費者側企業のメリット>

◉「カーボンニュートラル、再エネ普及に熱心」という評価を得られる。特に再エネ電源新設への寄与を主張できるため、追加性を評価する「RE100」の基準との整合がよい。

◉通常の系統電力による小売電気事業者経由の再エネ調達（これだけだと単純なフィジカルPPA）と異なり、自己託送のカテゴリーに入るため、FIT・FIPに基づく再エネ賦課金を負担せずに済む。

◉燃料費増加に伴う電気料金上昇リスクを減らせる。

◉経済産業省が公募する「需要家主導による太陽光発電導入促進補助金」の対象である。

<開発側企業のメリット>

◉太陽光発電の速やかな案件成立を見込める（屋根上に限定されるオンサイトPPAよりも対象候補用地が多い。施工も屋根上より容易である）。

◉発電所は消費者側企業に売却されるので、速やかに売り上げが立つ。毎年の事業収入が固定しないFIPよりも、資金調達が容易である。開発・施工部門の受注量を持続的に確保できる。

メリットばかりにみえるが、「太陽光（出力変動型再エネ）が稼働していない時間帯の電力調達をどうするか」という課題が残っている。太陽光が稼働しない時間帯の需要電力は小売事業者から調達するが、再エネ稼働量とサイト内需要量の2要素に合わせた電力確保は、ともすればインバランス増加のリスクをはらむ。インバランス単価の上昇もあり、太陽光が稼働しない時間（1年の8割程度か）の電力供給を受け持つ小売事業者は、それなりの売電単価を求めたくなるはずである。また、「再エネ賦課金逃れ」との批判は常にある。自己託送の既存案件はともかく、新規案件に対し再エネ賦課金が免除されなくなるリスクは常にある。

なお、経済産業省の「自己託送に係る指針」の改訂が2021年にあり、発電事業者・複数消費者側企業による組合設立、長期存続、電気料金の決定方法、送配電工事費用の負担方法明確化、対象発電所は組合員による新設太陽光発電所に限定（既設は対象外）――という要件をクリアすれば、組合員同士（異なる企業間）の再エネ授受ができることになった。従来、自己託送は、発電事業者と消費者側企業が同一企業やグループ会社（資本関係が必要）であるなど、「密接な関係」を有することが前提だったので、関係業界は要件緩和かと一瞬沸き上がった。しかし残念なことに「送電先は1カ所限定」という要件があり、件数を重ねたい開発側、消費者側の希望を満たすものではなかった。

さらにバーチャルPPA（VPPA）という類型も脚光を浴びている（図表5-8）。VPPAは再エネ発電に伴い得られる環境価値を、証書などの形で取引するスキームである。再エネ事業者と消費者間では、再エネにより発電した実電力量の物理的な受け渡しがないため、上記のコーポレートPPAと異なり非稼働時間帯の小売事業者から系統経由の電力供給を受けることはない。消費者側の需要場所では小売事業者から安定的な電力供給が行われ、再エネ変動に対する需給調整（しわ取り）を誰が担うかという問題も生じない。さらにVPPAによって再エネ発電所が運開する点はフィジカルPPAと同じなので、消費者側は

「RE100」の主張が可能だ。開発企業と消費者側はJEPX単価と固定価格の値差を差金決済することで、開発企業側には固定価格に含まれた環境価値と電気価値に見合った売り上げが持続的に確保される。

インバランスに対応する必要のない素晴らしいスキームとみえるが、こちらはデリバティブに該当する可能性が高く、会計処理上の課題がある。非デリバティブ・スキームに仕上げたと主張する事業者はいるが、該当するかしないかは各社の会計法人の判断次第であり、「デリバティブに該当する」との判断となるケースも多そうだ。

該当となった瞬間、20年間の超長期スワップとなり、リスク量が膨大に見えてしまう。20年分の時価評価損益は、参照価格が今のJEPX価格、先物価格ベースとする場合、相当な赤字計上となる懸念がある。本邦企業はデリバティブ開示については慎重なスタンスを保持したままのケースが多く、各社の会計、決算担当からすると「なんと破天荒なデリバティブだろう！」と判断されることになる。

図表5-8 バーチャルPPAの契約スキーム

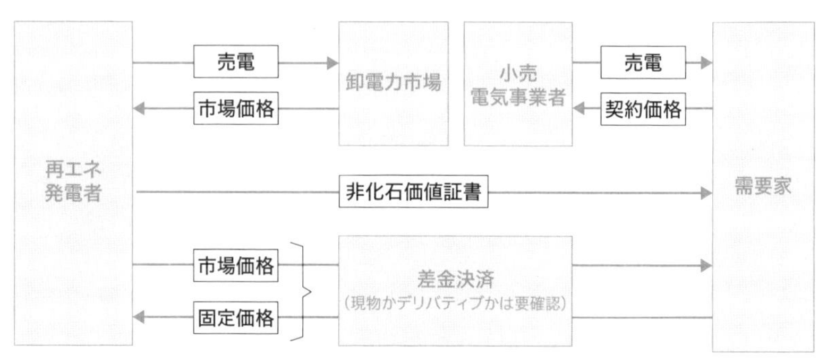

筆者作成

ここまで述べてきたコーポレートPPAは、風力にも理屈上は適用できるが、「オフサイト＋自己託送」の場合、消費場所電力需要の計画値・実績値の誤差に伴うしわ取りを引き受ける小売事業者がどれほどの対価を希望するか、不透明だ。恐らくは太陽光の出力変動への対応時よりも大きくなるのではないか？　「オフサイト＋自己託送」を背負っていることを隠して小売契約を締結できる可能性は低く（ロードカーブがあまりにも異なるため気付かれるだろう）、困難な折衝となるのではないか？

出力変動型再エネ導入のプレスリリースは毎日のように見られるが、その裏側で生じているインバランス、会計面の課題が速やかに収束する感触を私は全く持てないでいる。スキームが既存の仕組みと整合することを期待している。

COLUMN
5

ネットワークコスト改革とレベニューキャップ制導入

山田 竜也

近年、電力ネットワークの高経年化対策等の構造的課題を抱える中で、需要見通しが不透明化し、投資回収の予見可能性が低下している。こうした環境下では、再生可能エネルギー主力電源化やレジリエンス強化に対応した投資が行われない可能性が懸念されるようになった。このような事業環境の変化に的確かつ機動的に対応する観点から、託送料金制度及び査定の改革が行われることになった。

従来の総括原価方式においては、一般送配電事業者のコスト効率化のインセンティブが低いことや、再エネ大量導入のための追加投資等、料金認可時には総額を予見することが難しい費用が機動的に回収できていないなど、合理的でない点、改善すべき点が指摘されていた。ネットワークコスト改革の基本方針は、既存ネットワーク等のコスト効率化、必要な投資の確保であり、「事業者自らが不断の効率化を行うインセンティブ設計」と「その効率化分を適切に消費者に還元させ、国民負担を抑制する仕組み」の両立を図る制度の導入である。資源エネルギー庁の審議会において、欧州先進国における改革事例も参考に、一般送配電事業者が一定期間ごとに収入上限（レベニューキャップ）を算定し、承認を受けるという新しい託送料金制度への移行が決まった（図表 5-9）。

一般送配電事業者 10 社は、2022 年 7 月に第 1 規制期間と呼ばれる 2023～2027 年の 5 年間を対象とした事業計画を提出。これに基づき、新たな託送料金を算定、2022 年 12 月に承認され、2023 年 4 月から

図表5-9 託送料金に導入される「レベニューキャップ制度」

これまで	2023年4月〜
総括原価方式 ※値上げ時。値下げ時は届出制で柔軟に対応 電気の安定供給に必要な費用（設備修繕費、減価償却費、人件費、税など）に適切な利潤を加えた額と、託送料金の収入が同じになるよう設定 ◉値上げの場合は国が厳しく審査（認可申請） ◉利潤が大きいと料金変更（値下げ）命令も	**インセンティブ規制（レベニューキャップ）** 国が一定期間ごとに収入上限（レベニューキャップ）を承認 ◉効率化した費用の一部を事業者が活用できる ◉効率化への動機になると同時に、消費者にも料金低減のメリットが ◉外部要因で費用が増減した場合、次の規制期間で調整できる

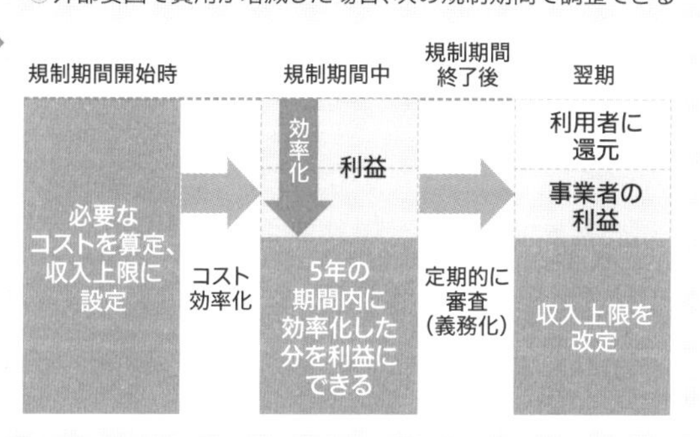

出所：経済産業省　総合資源エネルギー調査会　基本政策分科会　持続可能な電力システム構築小委員会資料などをもとに作成

図表5-10 一般送配電事業者の事業計画等の策定時に求められる7つの目標

目標分野	一般送配電事業者が取り組むべき内容
安定供給	中長期的にみて安定的かつ質の高い電力を供給すること
再エネ導入拡大	再エネ導入を予測した主体的な系統形成を行い、系統接続を希望する再エネ電源に公平かつ迅速な接続機会を提供すること
サービスレベルの向上	顧客及びステークホルダー志向のネットワークサービスのレベルをさらに向上させること
広域化	広域メリットオーダーや送配電事業のレジリエンス強化、コスト効率化達成に向けて、全国レベルでの広域的な運用を行うこと
デジタル化	AI、IoTなどのデジタル技術やアセットマネジメントシステムを活用した保安業務等の高度化を図る等の取り組みを行うこと
安全性・環境性への配慮	公衆、従業員や工事関係者の安全を確保し、また環境への影響にも配慮した取り組みを行うこと
次世代化	送配電事業における課題の解決に向けた新たな取り組みを通じて、送配電 NW の次世代化を図ること

出所：電力・ガス取引監視等委員会　料金制度専門会合　託送料金制度（レベニューキャップ制度）中間とりまとめ　詳細参考資料（2021年11月）

新たな託送料金がスタートすることとなった。第1規制期間における収入見通しは、一般送配電事業者10社合計で4兆6,836億円。1kWh当たりの託送料金単価は特別高圧、高圧、低圧の合計で4円98銭～8円60銭と、導入前の収入単価から平均で10％強の上昇となった。

レベニューキャップ制度においては、将来必要となるイノベーションへの投資が評価される仕組みが取り入れられている。リスクが高く通常のビジネスでは投資が困難であるが、利用者に経済的便益が期待できることを要件として、送配電事業に関する小規模のイノベーションプロジェクトをはじめ、研究、開発、実証フェーズ、商用化、技術、運用面等、あらゆるものが対象となる。

レベニューキャップ制度におけるイノベーション投資の先行事例として、英国の事例を紹介する。RIIO（Revenue = Incentive + Innovation + Output）と呼ばれるレベニューキャップ制度を先行的に導入している英国では、Network Innovation Allowance（小規模イノベーション推進費用：NIA）とNetwork Innovation Competition（大規模イノベーション推進費用：NIC）と呼ばれるイノベーション投資の確保とコスト削減インセンティブが設定されている。再エネや蓄電池など、分散型資源活用に必要となる投資の確保にも活用できる制度となっている。

この制度を活用し、2019年1月から2023年1月までの4年間、世界最大規模の商用電気自動車（EV）実証実験「オプティマイズ・プライム」プロジェクトが英国で行われた。商用EVによる配電系統への影響などを調査することを目的にしたプロジェクトで、日立グループと配電事業者のUKパワーネットワークスが主導し、エネルギー・電力大手のセントリカ、米ウーバー、ロイヤルメール（国営郵便）なども参画した。2021年からは各社の社用EV約8,000台を対象に、本格的な走行実証を行った。

実証では、商用 EV について走行・充電などのデータを収集。充電に伴う配電系統への影響などを分析した結果、「事業所や個人宅、公共の充電スタンドを利用することで必要とされる航続距離をカバーし、商用車の EV 化を実現できる」ことを確認した。また、長期的に商用 EV は投資回収できることや、系統電力需要のピーク時に充電を停止する「ターンダウン」サービスの有効性なども確認した。

実証の成果として、日立は実証実験で確認・検証された方法を基に、商用 EV 導入を支援する包括的なガイドをまとめ、UK パワーネットワークスは、実証の最終結果や関連データをオープンデータプラットフォーム上で公開する予定である。日本においても、レベニューキャップ制度におけるこのようなインセンティブを活用した投資プロジェクトが拡大することを期待したい。

第6章

ＧＸ推進と電気事業の役割

第6章　ＧＸ推進と電気事業の役割

2050年カーボンニュートラル実現へ向けて動き出した日本だが、2022年２月のロシアによるウクライナ侵攻以降に顕在化したエネルギー危機によって、エネルギー安全保障についても対応が急務になった。

政府は脱炭素の動きとエネルギー安全保障を両立するため、2022年7月、ＧＸ実行会議を発足させ、12月に「ＧＸ実現に向けた基本方針」（以下、ＧＸ基本方針）をまとめた（2023年２月に閣議決定）。これに基づき、2023年５月にＧＸ推進法とＧＸ脱炭素電源法（束ね法）が成立している。

ＧＸ基本方針の大きな柱は、原子力活用への転換とカーボンプライシングの導入である。原子力については、安全を大前提に既存炉を最大限活用するとし、新規制基準に準拠するため長期停止していた期間について運転期間から除くことにより、実質的な60年超運転を認めることとした。また、廃止を決定した原子力発電所の次世代革新炉への転換を具体化すること、最終処分地選定への国の支援強化などを打ち出している。

また炭素に対する賦課金と排出量取引制度というハイブリッド型の「成長志向型カーボンプライシング」を導入し、これを脱炭素投資に活用する「ＧＸ経済移行債（国債）」を発行することとした。このほか、水素・アンモニアの生産・供給網構築や、再生可能エネルギー主力電源化に向けた電力系統整備、電化などを含むエネルギー転換の推進も掲げている。

カーボンプライシングをはじめ、制度の詳細設計はこれから。また、実装するにはまだ長い年月がかかる技術も多く、ＧＸ実現には険しい道が続くことになりそうだ。

GX基本方針の主なポイント

原子力の活用

- 原則40年、最長60年の運転期間は維持し、停止期間を運転期間から除外
- 次世代革新炉の開発・建設を推進
- 最終処分地選定への国の支援強化

再エネ主力電源化と送配電網強化

- 過去10年の8倍以上の規模で系統整備
- 洋上風力の導入拡大
- 次世代太陽光・浮体式洋上風力の社会実装化

計画的な脱炭素電源投資支援など

- 水素・アンモニア生産・供給網構築支援
- 長期脱炭素電源オークションなど導入
- 戦略的余剰LNG確保

カーボンプライシングの導入

- GX経済移行債を活用した先行投資支援
- 成長志向型カーボンプライシングの導入
- GX推進機構により債務保証などの検討
- 「アジア・ゼロエミッション」共同体構想

省エネルギーの推進とエネルギー転換

- エネルギー多消費産業のエネルギー転換
- 住宅の省エネ化
- 熱需要の脱炭素化・熱の有効利用

6　1

GX実行会議

竹内 純子

1）GX実行会議と法整備

政府は2022年7月末に「GX実行会議」を設置した。CO_2削減を目標とするカーボンニュートラルを超えて、日本の成長戦略としてのGX（グリーントランスフォーメーション）を進めるため、岸田文雄首相を座長とし、経済産業大臣に兼務としてGX実行担当大臣を発令するなど、省庁横断の体制が整えられ、検討が進められた。

GXとは、化石燃料からクリーンエネルギーへの転換を核として、経済・社会、産業構造全体の変革を目指すものだ。DX（デジタルトランスフォーメーション）とも融合して、日本としての持続可能性を高めていくことを目的とする。

同会議で交わされた議論は多岐にわたるが、大きく言えば、前半は主として現下のエネルギー供給の立て直しと脱炭素化の両立が、後半は成長志向型カーボンプライシングが議論された。GXという長期的な構造改革の前に、まず、頻発する電力需給逼迫やエネルギー価格の高騰への対処が喫緊の課題であると多くの委員が指摘し、岸田首相からは「現下のエネルギー供給を、GXと整合的な形で立て直す」との方針が示された。

2022年12月末の第5回GX実行会議で示された「GX実現に向けた基本方針」（以下、GX基本方針）には、徹底した省エネルギーの推進や、再生可能エネルギーの主力電源化、原子力の活用、水素・アンモニアの導入促進などを含む14の取り組みと、「成長志向型カーボンプライシング」の素案が示されている［第6章-2参照］。

27ページに及ぶこの基本方針はパブリック・コメントを受け付けた後、2023年の第211回通常国会に法律案として提出された。

GX基本方針を実現するために整備される法律としては大きく2種類ある。まず、GX経済移行債（脱炭素成長型経済構造移行債）やカーボンプライシング導入のための「脱炭素成長型経済構造への円滑な移行の推進に関する法律」(GX推進法)。もう一つは、脱炭素社会に向けた電気供給体制の確立を図るため、電気事業法、再生可能エネルギー特別措置法（FIT法)、原子力基本法、原子炉等規制法、再処理等拠出金法の計5つの法改正をまとめた「脱炭素社会の実現に向けた電気供給体制の確立を図るための電気事業法等の一部を改正する法律」(GX脱炭素電源法)（図表6-1）である。

図表6-1 GX推進法とGX脱炭素電源法

GX推進法 2023年5月成立	GX脱炭素電源法 原子力基本法、炉規法、電事法、FIT法、再処理法 2023年5月成立
❶GX推進戦略の策定・実行 ❷GX経済移行債の発行 •2023年度から10年間でGX経済移行債（脱炭素成長型経済構造移行債）を発行 •化石燃料賦課金・特定事業者負担金により償還（～2050年度まで） ❸成長志向型カーボンプライシングの導入 •2028年度から化石燃料の輸入事業者に対し、炭素に対する賦課金（化石燃料賦課金）の導入 •排出量取引制度を導入。2033年度から発電事業者に対し、一部有償でCO_2の排出枠を割り当て、その量に応じた特定事業者負担金を徴収 ❹GX推進機構の設立	❶再エネの最大限の導入 •重要な送電線整備計画を経済産業大臣が認定し、再エネ促進に資するものは工事段階から系統交付金を交付 •既存再エネの追加投資部分に、既設部分と区別した買取制度 •再エネ事業規律強化 ❷安全を前提とする原子力活用・廃炉推進 •原子力発電の利用に関する国・事業者の責務の明確化 •原子力発電の運転期間に関する規律整備 •廃炉拠出金の拠出義務付け

2）脱炭素技術だけでなく低炭素技術にも投資

大幅な脱炭素のセオリーは、「需要の電化」と「電源の脱炭素化」の同時進行である。化石燃料への過度な依存を脱却することは、エネルギー安全保障にも資することから、需要サイドにおいては、省エネや製造業の燃料転換を進め、供給サイドにおいては、再エネ、原子力などを最大限活用することがGX基本方針における基本的な考え方に明示された。特にウクライナ危機以降、欧州では省エネが「first fuel（第一の燃料）」としてその価値に対する認識が高まっている。GX基本方針でも取り組みの第一として省エネが掲げられていることは注目に値する。カーボンニュートラルがうたわれるようになって以降、脱炭素技術への投資に注目が集まり、低炭素技術への投資が進まないことが懸念されていたが、移行期間に必要とされる技術への投資確保が重要な課題として認識された。

再エネについては、既にエネルギー基本計画でも主力電源化することが明示されている。これまでの方針から変わるものではないが、地域環境との共生に課題がある事例が増えており、設備廃棄を含めた管理体制の強化が必要であることや、送電網整備の投資を促していくことなどが議論された。

3）原子力の活用を強く打ち出したGX基本方針

GX基本方針で「最大限活用する」との方針が示された原子力発電について、その具体的施策は第6章-3に譲るとして、ここでは政策転換ともいえる決定に至った背景を述べる。

原子力についてはこれまでも新規制基準に合致した発電所の稼働を進めることは、政府の方針として明示されていた。しかし脱炭素効果の高い電源として最大限活用するために、規制基準適合審査等による長期の停止期間の扱い（運転期間の見直し）や、最終処分場確保に向けた取り組みを前進させることなども示されたほか、次世代革新炉の開発・建設を進めることが明記され、大きな注目を集めた。

長期安定政権であった安倍政権においても、カーボンニュートラルを目玉政策として掲げた菅政権においても、原子力発電所の建設・建て替えについて政府の方針が示されることはなく、わが国の原子力技術・人材の維持やサプライチェーンの脆弱化に対する深刻な懸念はGX実行会議でも複数の委員から指摘された。岸田政権が原子力の活用を基本方針として明示したことで、早速、原子力メーカーが人材採用を強化するなど、産業界からも一定の評価を得たと言える。

原子力発電の活用がGX基本方針で示されたことを受けて、原子力基本法の改正にも踏み込んだ。改正原子力基本法の第2条に、原子力発電を活用して電力の安定供給や脱炭素社会の実現に貢献することは「国の責務」と明文化する項を追加している。

原子力発電事業は投資回収に長期を要し、バックエンド事業も含めれば超長期の事業安定性を必要とする。原子力政策の転換が一時的ではないことを示さなければ、原子力産業関係者が将来にわたって事業に関与することは期待できず、また、立地地域の信頼を得ることも難しい。福島第一原子力発電所事故後、原子力政策大綱の策定も廃止され、わが国の原子力技術利用の方針は、主としてエネルギー基本計画で示されるのみとなっているが、エネルギー基本計画は閣議決定するだけであり、国会での承認を得たものではない。より高いレベルで原子力の位置付けを明示し、進捗を管理していく体制が必要であり、国民および立地地域への説明責任もその過程で果たしていく必要がある。原子力基本法の改正を起点として、こうした体制の構築が進むことを期待したい。

4）運転期間は電気事業法の規定に

原子力のより具体的な活用方策としては、原子炉等規制法が定める既存原子力発電所の運転期間から、規制基準への審査などにより長期間停止していた期間を除く措置が示された。

そもそも原子炉等規制法が定める運転期間制限の規定（設備の運転開始前に求められる、使用前事業者検査の確認を受けてから起算して40年を運転できる期間とし、20年を超えない期間で1回限りこれを延長することができるとする）は、2012年に与野党共同提案の議員立法で改正が進められたが、40年、60年といった年限に「科学的根拠はなく、政治的に決めるもの」であることが、国会での答弁で明言されている。これは、「原子力発電所の運転を制限することで安心したい」という世間の要請に応えるために安全規制に運転期間の制限を盛り込んだということであり、本来、科学的根拠に基づいて行われるべき安全規制改止に向けた議論のあり方としては乱暴なものであったと言わざるを得ない。

一般的に設備の寿命は当初の導入技術や設置条件、メンテナンスや使用条件によって大きく異なるため、一律に定めることは困難である。車検に合格すればどんなクラシックカーでも走行可能であることがよい例だ。そのため諸外国でも原子力発電所の運転期間を制限する規定が置かれている例はなく、ライセンス期間を区切って、定期的に設備の安全性を確認して運転の是非が判断される。わが国の原子力規制委員会は、2018年8月に、原子力事業者各社から、科学技術的観点から、安全規制としての運転制限の在り方を再検討するように要請を受け、約3年をかけてこれを検討した。しかし2020年7月、運転期間を40年とする定めは評価を行うタイミングでしかなく「発電用原子炉施設の利用をどのくらいの期間認めることとするかは、原子力の利用の在り方に関する政策判断にほかならず、原子力規制委員会が意見を述べるべき事柄ではない」として、その判断を利用政策に委ねている。

こうした議論を経て、運転期間の制限については、従来の原子炉等規制法ではなく、利用政策を定める電気事業法に規定されることとなった。他方で、原子炉等規制法には「運転開始30年以降、10年以内毎に、設備の劣化に関する技術的評価を行う」との長期運転に係る安全規制の強化が盛り込まれた。ただし、電気事業法の規定は、米国やフランス等のように「運転期間の上限を設けない」仕組みとはされず、現在の原子炉等規制法にある「60年」という上限を踏襲した上で、そのカウント期間から長期化した停止期間を除くという内容にとどまっている。

5）原子力活用に向けて残された課題

今後の原子力の活用促進に向けては、安全規制の最適化、原子力損害賠償制度の見直し、電力自由化の修正など、残された課題は多い。

第一の安全規制の最適化であるが、先述した運転期間から停止期間を除外するという制度改正が必要とされたのも、規制基準への適合審査による停止があまりに長期化しているからだ。原子力発電所の新規制基準への適合審査は、全て原子力発電所の運転を停止させるものとされた。

実はこのように原子力事業に非常に甚大な影響を与える判断も、原子力規制委員会の田中俊一委員長（当時）による私案が定着したものだ。規制活動が適切に行われているかどうか、国会がチェック機能を果たす体制なども検討する必要があるだろう。米国では議会が原子力規制機関の審査活動が効率的に行われているかどうかのチェックをする義務を負う。

第二の原子力損害賠償制度については、各国で似通っている点が多く、原子力発電事業者は無過失であっても賠償責任を負う。たとえ、事故がメーカーなど他の事業者の責によるものであったとしても、原子力発電事業者に賠償責任を集中させることになっており、事業者への免責は紛争の場合など極めて制限される。ただし賠償額が一定限度を超えれば、それは国が負担するというのが一般的だ。

しかし、日本の場合は国家が補償することは明示されず、電力会社の賠償額に限度はない。政府の支援が、賠償資金を無利子で貸し付けるにとどまる現行制度のままでは、原子力発電事業者がその利用に積極的になることは難しく、また、金融機関からの資金調達も困難になると考えられる。
第三が、電力自由化の修正だ。原子力は初期投資が莫大で建設にも長期間を要し、廃棄物処分まで含めれば事業期間は超長期にわたる。自由化により投資回収の予見性が低下すると、金融機関は高いプレミアムを求めるため、資金調達コストの上昇も必至となる。なお、建設投資の回収に対する制度的措置としては、「長期脱炭素電源オークション」[第2章-4参照]が2023年度にも導入される見通しである。

6）カーボンプライシングの詳細設計はこれから

GX基本方針においては、GX経済移行債を発行して大胆な先行投資を促すことがうたわれている。20兆円規模の国債の償還の裏付けとして、カーボンプライシングが導入されることとなっており、GX推進法に書き込まれた。この点については、2026年度から排出量取引を本格稼働させ、2028年度からは炭素賦課金を広く一律に導入すること、こうした制度の設計・運用は「GX推進機構」が担うことが決まったが、肝心の税額等詳細設計はこれからで、今後の議論の動向を注視する必要がある。
炭素賦課金や排出量取引制度に関する詳細の制度設計について、排出枠取引制度の本格的な稼働のための具体的な方策を含めて検討し、この法律の施行後2年以内に、必要な法制上の措置を行うことが、附則第11条に定められている。

6 2

GXリーグとカーボンクレジット市場

中島 みき

1）GXリーグとカーボンプライシング

2023年2月に閣議決定されたGX基本方針において、国際公約である2030年度の温室効果ガス46％削減や2050年カーボンニュートラルの達成のため、「成長志向型カーボンプライシング」の導入が示された。この方針を受け「脱炭素成長型経済構造への円滑な移行の推進に関する法律」、いわゆるGX推進法が2023年5月に成立した。詳細設計については、法の施行後、2年以内に措置を行うことが示された。

カーボンプライシングは、炭素に価格付けを行うことで、排出者の行動の変容を促す政策手法とされている。GX基本方針では、今後10年間で150兆円を超えるとの試算もあるGX投資を官民で実現するため、新たに発行する20兆円規模の「GX経済移行債」の償還財源にカーボンプライシングの収益を充てる予定だ（図表6-2）。

「成長志向型カーボンプライシング」は、「炭素に対する賦課金」と「排出量取引市場」の双方の組み合わせを予定している。

前者の炭素に対する賦課金は化石燃料賦課金とも呼ばれ、電力・ガスや商社といった化石燃料の輸入業者等が対象となり最終需要家へ価格転嫁される。上流段階での課税は、供給サイドのGX投資へのインセンティブをもたらす一方、最終需要家への行動変容のシグナルは、価格転嫁を通じた間接的なものとなる点が課題である。さらに、実施にあたっては、国際競争力を削ぎ経済に悪影響を及ぼさないか、また、国外への生産移転（カーボンリーケージ）が生じないか、といった点で留意が必要であるため2028年度からの導入とし、5年間の準備期間を設けることとなった。なお、最初は低い負担で、徐々に水準を引き上げていくこと、またその方針をあらかじめ示すことなどが定められた。

後者の排出量取引市場は、対象範囲は排出量の多い企業を中心とするもので、関連した制度としては、企業の自主的な参加により排出量取引を行う「GXリーグ」が2023年度から試行開始される。GXリーグには日本のCO_2排出量の4割以上を構成する約600社が賛同している。この自主的取り組みに続く第2フェーズとして、2026年から「排出量取引制度」を本格稼働させ、政府指針策定の下、目標が指針に合致しているか等を民間の第三者機関が認証する仕組みを検討するとされている。さらに、第3フェーズとして、再エネ賦課金［第4章-1参照］の総額がピークアウトすると想定される2033年度には、発電事業者を対象とする「有償オークション」の段階的導入を実施することが示された。

図表6-2 GX基本方針における脱炭素投資の仕組み

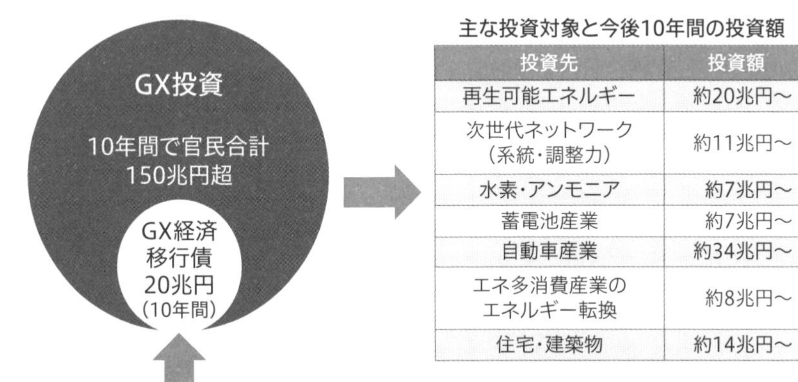

主な投資対象と今後10年間の投資額

投資先	投資額
再生可能エネルギー	約20兆円～
次世代ネットワーク（系統・調整力）	約11兆円～
水素・アンモニア	約7兆円～
蓄電池産業	約7兆円～
自動車産業	約34兆円～
エネ多消費産業のエネルギー転換	約8兆円～
住宅・建築物	約14兆円～

償還財源：カーボンプライシング		
炭素に対する賦課金	2028年度	化石燃料輸入業者が対象
排出量取引制度	2023年度	試行
	2026年度	本格スタート
	2033年度	発電事業者を対象に有償化

出所：内閣官房「GX実現に向けた基本方針 参考資料」より電気新聞作成

「排出量取引制度」は、価格が市場により決定するため、取引価格に対する予見可能性が低いという課題がある。この点については、上限価格と下限価格の価格帯をあらかじめ示すこととし、中長期的に炭素価格を徐々に引き上げていくこととなった。

「有償オークション」は、カーボンニュートラルの重要なカギを握る電力の脱炭素化に向け、再生可能エネルギーや原子力等の代替手段がある発電部門を対象として、発電量の多い発電事業者に対し、段階的に導入する。排出量に相当する排出枠をオークションの対象とし、まずは排出枠を無償交付し、段階的に無償枠を減少、即ち、有償比率を上昇させることとなった。あらかじめ設定する排出量の割り当て方法の公平性をどう担保するかといった論点が、今後の課題として考えられる。

賦課金、排出量取引のいずれも、エネルギーに関する公的負担（例えば、再エネ賦課金や石油石炭税など）の総額を中長期的に減少させていくことを基本的考えとしている。導入にあたっては、二重負担を防止すべく、既存の類似制度との整理を行うこととなっている。

2）非化石証書

電力分野における既存の環境価値の取引として、非化石価値が挙げられる。エネルギー供給構造高度化法（エネルギー供給事業者による非化石エネルギー源の利用および化石エネルギー原料の有効な利用の促進に関する法律）［基礎用語参照］の下、小売電気事業者に課せられた目標（2030年度に非化石電源比率44%）の達成を促すため、非化石電源（再エネ、原子力等）に由来する電気の非化石価値を証書化し、非化石価値取引市場において取引される。小売電気事業者のうち、非化石電源からの調達機会が限られる新規参入者にとって、非化石証書を購入することで目標達成が可能となるものであり、2018年5月よりFIT（固定価格買取制度）電源に由来する非化石証書（FIT非化石証書）が、2020年4月よりFIT電源以外の大型水力や原子力などの非FIT電源に由来する非化石証書（非FIT非化石証書）が、それぞれ取引を開始した。

当初、FIT非化石証書の最低価格は1.3円であったが、これを海外で取引される電源証明（欧州のGoO: Guarantee of Originなど、発電場所や発電方法の由来を証明する証書）並みに安価にしてほしい、加えて、需要家がRE100（事業を再エネ100%電力で賄うことを目標とする企業連合）の活動に活用できるよう、小売電気事業者を介さず直接証書を購入可能としてほしい、また、RE100の要件を満たすため、どの発電所に由来する証書であるかをトラッキングできる制度にしてほしい、といった声を受け、2021年に制度が見直された。

見直し後は、市場を2つに分割して、FIT証書については、小売電気事業者および（一定要件を満たす）需要家が購入可能な「再エネ価値取引市場」で取引し、非FIT証書については、小売電気事業者のみ購入可能な「高度化法義務達成市場」で取引することとなった。加えて、FIT証書の最低価格は2021年11月の初回のオークションで0.3円/kWhと引き下げられた。トラッキング（発電所由来の特定）についても、実証実験を経て、2022年度から日本卸電力取引所にて本格的に運用された。

トラッキング付き再エネ非化石証書は、RE100において、需要家が証書の環境価値を表示・主張することが可能となった。ただし、本来、RE100では、FITなどの補助金を受けていない電源の活用を前提としており、補助金制度によらない再エネ普及が求められていることに留意が必要である。

COLUMN ⑥

カーボンプライシングの基本

竹内 純子

2023年2月に閣議決定された「GX実現に向けた基本方針」では、成長志向型カーボンプライシングの素案が示された。排出量取引制度と「炭素に対する賦課金」を組み合わせたハイブリッド型とするものだ。

理論から言えば、カーボンプライス（価格）は基本的に単一であることが望ましい。技術中立を確保し、CO_2削減の費用対効果の高いものが市場で選択されることを促すというのがその基本概念だ。しかしカーボンプライシングだけでCO_2削減を進めようとすると、現時点でコスト競争力に勝る技術のみがその恩恵を受けることとなる。技術のステージに応じて、カーボンプライシングと適切な補助制度を組み合わせる必要がある。

カーボンプライシングが社会のCO_2削減を効率的に進める施策であることには議論の余地はほぼないであろう。しかし、制度設計において複数の留意すべき点がある。以下に簡単に整理する。

❶「エネルギー間で中立的」であること

わが国の最終エネルギー消費の約7割はガソリンや重油、ガスなどの化石燃料が占める。小規模な事業者が多数存在するガスなどとは異なり、電気料金にはコスト付加がしやすいが、エネルギー間中立でなければCO_2削減のセオリーである、需要側の電化を阻害してしまう。現状、再エネ賦課金［基礎用語参照］は電気のみに係るカーボンプライスであり、電化の阻害要因となっている。

❷国際公平性

一部の国・地域でのみカーボンプライシングを導入すると、導入された国の製造業が、製造拠点をそうした制度がない国に移転させる「カーボンリーケージ」を起こす。排出場所が変わるだけで地球温暖化の解決には全く寄与しないという事態に陥る。

❸負担の適切性

カーボンプライシングの意義は、排出されるCO_2の価値を製品の価格として付加することで、排出量が少ない製品が選択されることを促していくことにある。消費者の行動変容には、ある程度インパクトのある（CO_2排出の多い製品が高価格になるような）価格付けが必要であるが、一方で代替の技術が十分ではない中でインパクトのあるカーボンプライシングが導入されれば、国民生活・経済を圧迫する。適切な負担額とすること、また大規模なカーボンプライシング導入にあたっては税収中立の確保など、既存制度を含めた見直しが必要とされる。

❹製品のライフサイクルをカバーすること

使用段階の排出量は、消費者の使い方やその地域の電源構成などによって大きく異なるため、正確な把握が難しいが、製造から使用・廃棄まで含めたライフサイクル全体での排出量をカバーする制度設計が必要である。

❺カーボンプライシングの限界を認識すること

カーボンプライシングは環境への負荷を経済価値に換算する制度であり、脱炭素化を進める有効なツールではあるが、CO_2排出量の観点からのみ社会変容を推し進めようとすれば様々なひずみや反発を生みかねない。技術にはそれぞれ長所・短所があり、気候変動対策の観点からの評価だけが「正義」ではないことに留意する必要がある。

なお、カーボンプライシングには排出量に比例した価格を付ける「明示的炭素価格」と、規制・基準の順守のために排出削減費用がかかる「暗示的炭素価格」がある。前者としては、炭素税と排出量取引が挙げられ、わが国の成長志向型カーボンプライシングは、2028 年頃から化石燃料の輸入事業者などを対象とした炭素賦課金が、2026 年頃から排出量取引制度の本格的稼働が始まる見通しである。大規模排出者である発電事業者を対象とした排出権有償化は、2033 年度頃から開始する予定とされる。

税額等は再エネ賦課金等、既存の負担の減少との見合いで設定されることとなっているため詳細は不明であるが、賦課金は税と異なり、国会での議論を経ずして負担率を決定できる。このため機動的な運用は可能であるが、国民生活に与える影響の大きい炭素賦課金の決定プロセスとして課題がある。また、排出量取引は（以前から指摘されていることではあるが）根本的に政府による計画経済という側面を有すること、関係する行政の肥大化やロビーイングの温床になるなど、制度的課題が多い。カーボンプライシングが CO_2 削減を進める上で有効であることは議論の余地はほぼないといえるが、制度設計の細部に悪魔が宿りがちであることに留意が必要である。

6 3

原子力発電の新潮流

服部 徹

1）原子力政策の新たな動き

政府のGX実行会議は、「エネルギー政策の遅滞」を解消するために政治決断が求められる事項として、再稼働の遅れなどが課題となっていた原子力については、再稼働への関係者の総力の結集、安全確保を大前提とした運転期間延長など既設炉の最大限活用、新たな安全メカニズムを組み込んだ次世代革新炉の開発・建設、再処理・廃炉・最終処分のプロセス加速化などについて検討を進めてきた。

同会議が取りまとめ、2023年2月に閣議決定された「GX実現に向けた基本方針」において、エネルギー基本計画でも示されている「2030年度電源構成に占める原子力比率20～22%」の確実な達成に向けた方針が示された。安全最優先で再稼働を進めることとし、地元の理解確保に向けては、国が前面に立った対応や事業者の運営体制の改革等を行うというものである。具体的には、自主的安全性向上の取り組み、地域の実情を踏まえた自治体等の支援や防災対策の不断の改善等による立地地域との共生、国民各層とのコミュニケーションの深化を図ることとされている。

その上で、原子力を将来にわたって持続的に活用するとして、安全性の確保を大前提に、新たな安全メカニズムを組み込んだ「次世代革新炉」の開発・建設に取り組むこととした。六ケ所再処理工場の竣工等のバックエンド問題の進展も踏まえつつ、廃止を決定した炉を次世代革新炉に建て替えていき、その他の開発・建設も、今後の状況を踏まえて検討していくとしている。

次世代革新炉には大きく分けて、革新軽水炉、小型軽水炉、高速炉、高温ガス炉、核融合炉の5つのタイプがある。革新軽水炉以外は、現時点では実証炉ないしは原型炉で、今後、研究開発基盤の整備を進めていく必要がある（図表6-3）。

小型軽水炉は出力の小さい原子炉で、海外でも、小型モジュール炉（Small Modular Reactor, SMR）として注目を集めている。SMRは、大型炉による規模の経済性のメリットは失われるが、工場で完成した原子炉モジュールを現地で据え付ける工法を用いることで、建設工期の短縮や、遅延リスクを軽減できるといったメリットがある。

また、既存の原子力発電所も可能な限り活用するため、現在、40年の運転期間で1回に限り20年間延長できるとする「40年+20年」の運転期間について、停止期間を除外して適用できるようにした。すなわち、運転開始から、運転期間を延長した60年が過ぎたとしても、それまでに停止していた期間があれば、その期間は運転期間にカウントせず、60年の期間を超えて運転できるようにしたのである。

こうした施策と併せて、六ケ所再処理工場の竣工などの核燃料サイクルの推進、廃炉の着実かつ効率的な実現に向けた知見の共有や資金確保等の仕組みの整備、最終処分の実現に向けた国主導での取り組み等の抜本強化なども進めていくとしている。

なお、2022年12月には、総合資源エネルギー調査会電力・ガス事業分科会の原子力小委員会でも、今後の原子力政策の方向性と行動指針の案が公表された。GX実行会議における議論等も踏まえ、今後の原子力政策の主要な課題の解決に向けた対応の方向と、関係者による行動の指針が整理されている。

図表6-3 次世代革新炉の開発・建設ロードマップ

出所：内閣官房「GX実現に向けた基本方針 参考資料」より作成

2）原子力の役割と事業環境整備（投資リスクの軽減策）

発電時にCO_2を排出しない原子力発電は、2050年カーボンニュートラルの実現にとって重要な役割を果たす脱炭素電源であり、燃料のほとんどを輸入に頼るわが国では、エネルギー安全保障にも大いに貢献しうる電源である。同じく脱炭素電源である再生可能エネルギー（自然変動電源）と比較すると、原子力発電はベースロード電源として安定的な出力が可能であり、電力の安定供給にも寄与する。

その一方で、巨額の初期投資を必要とし、投資回収期間も長期にわたる原子力発電は、自由化された電力市場において売電価格が不安定になる中、投資回収の予見性（見通し）が必ずしも確保されず、民間の事業者がその投資に踏み切るにはリスクが大きいとされてきた。そのため、「GX実現に向けた基本方針」で示された次世代革新炉への投資を促進するには、市場リスクの軽減をはじめとする事業環境整備が必要とされる。

わが国での事業環境整備の具体的な制度措置としては、2023年度に導入される「長期脱炭素電源オークション」［第2章-4参照］の着実な運用が挙げられている。これは、容量市場の特別オークションとして開催され、落札すれば少なくとも20年間、発電電力量にかかわらず固定的な容量収入（kWに応じた収入）を得ることができ、投資回収の予見性を一定程度確保できるようになる。新たに建設される原子力発電も参加資格を有するが、オークション自体は、水素・アンモニア混焼の火力発電を含む他の脱炭素電源との競争であり、固定費の大きい電源には不利とされていることもあって、原子力発電にとって厳しい競争となる状況もありうる。

既設を含め原子力発電で発電した電気については、卸電力市場でkWhの価値を、容量市場（長期脱炭素電源オークションを含む）でkWの価値を得ることができるほか、非化石価値取引市場の一つである高度化法義務達成市場で決まる非FIT非化石証書［基礎用語参照］の価値を得ることができる。ベースロード電源である原子力発電の場合、卸電力市場からの収入が大半を占めることとなる。

3）海外の原子力事情

諸外国でも、脱炭素化やエネルギー安全保障に対する関心の高まりを受け、原子力発電の役割を見直す動きがある。主要先進国が2050年までの脱炭素化の目標を掲げる中、いくつかの国では原子力発電所の新増設への期待も高まっていたが、多くの国が電力市場の自由化を進めてきた中で、その事業環境整備に関する課題も少なくない。

◉ EUタクソノミー

EU（欧州連合）では、近年、サステナブルな経済活動の分類方法、いわゆる「EUタクソノミー」の確立を進めているが、原子力をサステナブルな経済に含めるか否かは大きな争点の一つであった。EU タクソノミーの大枠を定めた「持続可能な投資の促進のための枠組み」に関する EU 規則 2020/852（2020 年 7 月 12 日発効）では原子力の位置付けは不明瞭であり、様々な経済活動のスクリーニング基準（EU タクソノミーに適合しているか否かを判断する基準）を定めた委員会委任規則 2021/2139（2021 年 12 月 29 日発効）では原子力は除外されていた。

しかし、2022 年 8 月 4 日に発効した委員会委任規則 2022/1214 において、原子力は、天然ガスとともに、気候中立な社会への移行を支援する「トランジショナルな活動」に位置付けられた（再生可能エネルギーは「気候変動の緩和に貢献する活動」とされており、位置付けが異なる）。また、スクリーニング基準（GHG 排出、安全・規制、廃棄物・廃炉に関する基準）や情報開示の要件も設定された。今後、EU 域内の企業は、EU タクソノミーに適合する（スクリーニング基準を満たす）経済活動が事業に占める割合等を開示することになるが、その際、原子力については、他の経済活動とは分けて開示することが求められる。

◉英国における原子力発電所の新設

英国では、以前から脱炭素化に取り組む中で、官民が原子力発電所の新設を前向きに考えてきた。2050 年に温室効果ガスの排出ネットゼロの目標を掲げ、2035 年までに電力分野の脱炭素化を目指している。最近では、英国のエネルギー安全保障戦略においても、原子力発電を重要な電源として位置付けている。

その上で英国政府は、新規原子力発電所の投資環境の整備も進めてきた。2013 年のエネルギー市場改革（Electricity Market Reform, EMR）で導入した差額契約型固定価格買取制度（Feed-in-Tariff Contract for Difference, FIT-CfD）の適用対象に新規の原子力発電所を含め、35 年間の売電価格をストライクプライス（原則として定額）で固定化する仕組みを整えた。現在建設中の Hinkley Point C（HPC）は、この FIT-CfD の適用を受けている。しかし、この仕組みでは、建設費が後になって増加するようなリスクに対応できず、資金調達において高いリスクプレミアムが必要となり、ストライクプライスが当時の卸電力価格の約2倍となったことが問題視されていた。

そこで英国政府は、新たな資金調達のためのスキームとして、規制資産ベース（Regulatory Asset Base, RAB）モデルの導入を検討した。これは、プロジェクト単位で、総括原価方式に基づく規制料金をすべての小売事業者が支払うことで投資回収を進める仕組みである。もともと、英国で民営化された公益事業分野のインフラ（空港や下水道）の建設プロジェクトで適用されてきた実績がある。

RABモデルの下では、建設期間中から投資の回収を行うことが可能となり、建設期間中に費用が増加しても、一定の範囲内であれば料金を改定して、投資家の負担するリスクが軽減される。それによって、投資家の求めるリスクプレミアムは小さくなり、費用の総額を抑制できるというメリットがある。ただし、費用が増加した場合は高い料金を支払うというリスクを小売事業者、ひいては需要家が負うことになる。そのため、需要家の理解を得ることが重要となるが、2022年3月末に「原子力エネルギー（ファイナンス）法」が成立し、新規の原子力発電所を対象とするRABモデルの導入が実現した。現在建設中のHPCに続く新設炉として計画されているSizewell Cについては、事業者（EDF）と国が50%ずつの出資を行うこととなっているが、このプロジェクトにRABモデルの適用が予定されている。

こうした事業環境整備に加え、英国は、新規の原子力発電所の投資プロジェクトの準備等を支援するための国の組織として、「大英原子力（Great British Nuclear）」を2022年11月に設立している。

6 4

カーボンニュートラルを巡る動きと電気事業の取り組み

岡村 修

菅義偉前首相が2020年10月に宣言した2050年カーボンニュートラル実現、岸田文雄首相のもと2023年2月に閣議決定された「GX実現に向けた基本方針」は、言うまでもなく、電気事業者の経営環境に非常に大きな影響を与えている。特にGX（グリーントランスフォーメーション）において、原子力の活用をはじめとするエネルギー需給構造の転換が掲げられたことにより、ライフラインを担う使命を全うし永続的な事業活動を行うための大きな方向性が示された。

カーボンニュートラルとGX実現に向け、まず言えることは、電気エネルギーは、供給側で再生可能エネルギーを含むゼロエミッション比率を拡大することができ、加えて需要側では機器効率や運用制御の改善等により徹底した省エネルギーを進めつつ、さらには需要地にて再エネを直接取り込むことができる（この点については後段で解説する）、加えて、これらが今まさに手に入る技術で実現できる、唯一のエネルギーといって過言ではない。「大幅な脱炭素のセオリーは電化の進展」と言われる理由である。

ゼロから研究開発を行うといったことではなく、まずは今、足元にある電化技術の社会実装をいかに拡大していくか、加えて不断の技術革新により電化をバージョンアップさせるかが、カーボンニュートラル・GX実現に向けた大きな柱であることは、疑う余地がない。

まずは、戦後から現在に至る電気事業の供給側、需要側それぞれの脱炭素に向けた取り組みの変遷を振り返ってみたい。

1）電力供給側の変遷

第２次大戦後、地域独占・一貫体制による電力供給が始まった頃は、水力が主力電源であったが、産業が加速度的に復興したことで、電源開発の要請は高まる一方となった。関西電力の黒部ダムなど大規模水力開発があったものの、急激な電力需要の高まりに対応することが難しくなってきた中、開発期間が短い火力発電の建設が進み、電源構成が水力から火力中心に移行することとなった。戦後間もない時期には大半は石炭が占めていたが、1960年度以降、石油の使用量が著しく増加した。

1973年、1979年の２度のオイルショックは、原油価格高騰への対応や安定供給維持の観点から大きな危機となったが、供給側では原子力・LNG火力発電の開発による脱石油、需要面では省エネ推進等でこれを克服した。

図表6-4　電源構成とCO_2排出原単位の推移

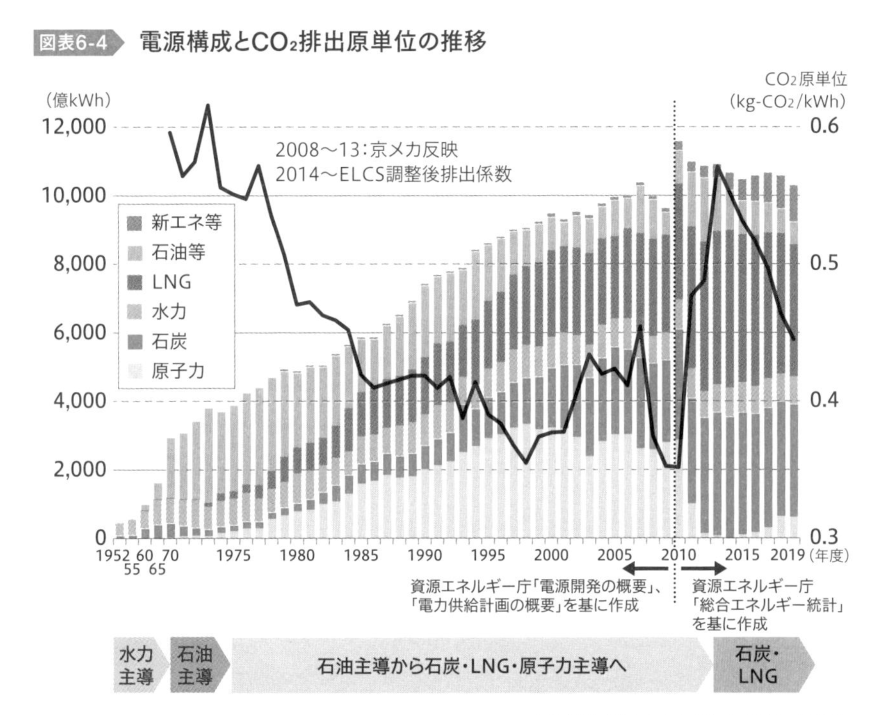

出所：経済産業省「エネルギー白書2021」をもとに筆者作成

その後、主たる課題は地球温暖化問題に移り変わっていく。1985年に国連環境計画（UNEP）が「対策を開始すべき」と警鐘を鳴らしたことから、世界的に認知が広まった。1997年に京都での気候変動枠組み条約第3回締約国会議（COP3）における「京都議定書」採択がマイルストーンとなり、その後の2015年COP21の「パリ協定」へとつながっていったことは記憶に新しい。

図表6-4は、電源構成と1kWhあたりのCO_2排出量（原単位）の推移である。石油中心であった時代から原子力・LNG火力の拡大により、原単位は低減傾向にあった。2011年の東日本大震災により原子力発電プラントが運転を停止し、一時的に原単位が跳ね上がったものの、太陽光発電等再エネ拡大に加え、原子力の順次再稼働により改善の兆しが見え、現在に至っている。

2）電力需要側の変遷

需要側における象徴的な取り組みとしては、まずはオイルショックを契機とした電気料金への三段階料金制度の導入である。電力需要抑制の観点から、使用量が増えると段階的に料金単価が上がっていく仕組みであり、現在も低圧規制料金においてこの概念が踏襲されている。

その後、1990年代に入り季節別時間帯別料金など料金メニューが多様化、2000年には電力小売り部分自由化がスタートし、この頃から、電気とガス事業者間の顧客獲得競争が各地域で展開されるようになった。家庭用に焦点を当てると、当初は電気ヒーター式の蓄熱温水器・床暖房といった負荷平準化と販売電力量増を意識したものであったが、2001年にCO_2冷媒ヒートポンプ給湯機「エコキュート」が発売され、これを機に「電化による省エネ・省CO_2」が、顧客への訴求点となった。

東日本大震災後は、スマートメーター導入拡大に伴い、電気使用量の見える化や省エネコンサル等、各社の創意工夫による提案が繰り広げられてきた。加えて、FIT（固定価格買取制度）導入に伴い、オンサイトでの太陽光拡大についても積極姿勢を見せてきた。

3）カーボンニュートラルに向けた今後

以上のように電気事業者は、長い歴史の中で、供給側・需要側両面での脱炭素・省エネを行ってきた。カーボンニュートラル実現に向けては、2021年5月に電気事業連合会が具体的な施策をまとめた「2050年カーボンニュートラルの実現に向けて」を公表し、また、各社においては環境経営の一環として、一層取り組みを強化しているところである。

供給側においては、「GX基本方針」に基づく再エネ電源開発をはじめ、安全を大前提とした原子力の再稼働・安定運転、さらには次世代革新炉開発・建設の検討、需給の安定と調整力として必要な火力電源の維持と水素・アンモニア利用による低・脱炭素化、次世代送配電網の整備——等が

図表6-5　気候変動への対応と企業との相関

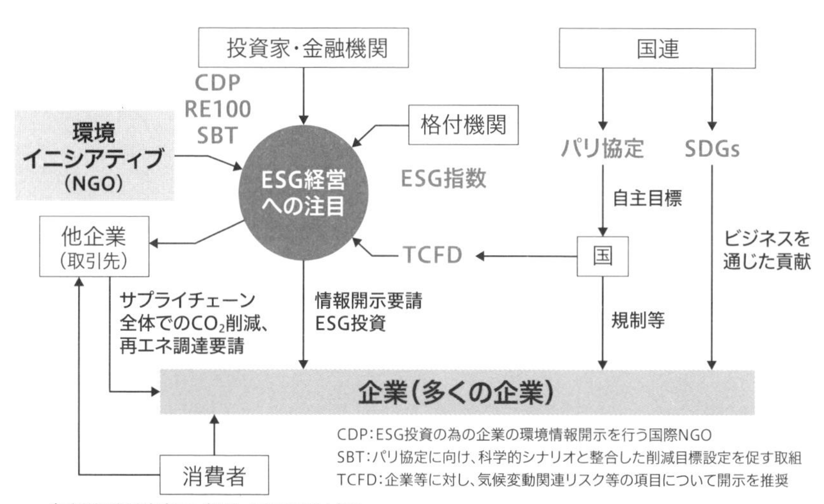

出所：筆者作成

挙げられる。

需要側においては、エネルギーを消費する顧客へのアプローチが重要である。各企業で積極的に気候変動への対応が進められるなか、京都議定書発効からしばらくは、温暖化対応というと規制的な意味合いが強かったが、至近年では、気候変動対応を含むESG経営は、企業にとって「先んじて取り組めばチャンス」との位置付けに変化している。図表6-5は、気候変動にまつわる企業と各ステークホルダーとの相関を示したものである。

こういった顧客のニーズに対して、エネルギーのプロである電気事業者が、単に電気を届けるだけではなく、より良いソリューションを提供することが、顧客とのつながりをより深め、それが新たなビジネスチャンスにもなっている。

具体的には①省エネ機器・蓄電池・電気自動車（EV）・オンサイト再エネ②エネルギーマネジメント③再エネ証書等（非化石証書・J-クレジット・グリーン電力証書）購入・CO_2排出量算定コンサル等――が挙げられ、これらをパッケージで提供する時代が既に始まっており、これはエネルギー事業者間での競争領域でもある。

4）電化の柱：ヒートポンプ技術

電化社会は何をもたらすか？　以降、エネルギー需要側にフォーカスする。エネルギーマネジメントやデマンドレスポンス（DR）、太陽光・EV・蓄電池は第5章に譲り、ここではヒートポンプ技術について述べる。

国内の最終エネルギー消費量のうち約7割は燃料・熱の消費であり、ここを低・脱炭素化することが非常に重要である。民生部門の暖房・給湯需要や、産業部門の熱需要の約1/4を占める200℃以下の低温熱領域においては、従来の化石燃料の燃焼からヒートポンプに切り替えることで、大幅な省エネ・脱炭素となる。

図表6-6にヒートポンプの原理を示す。空気、海水・河川水、地中熱と

いった自然界に存在する熱を冷媒に取り込み、少しの電気エネルギーにより利用温度レベルまで昇温し、加熱に利用するヒートポンプは、あまり知られていないが、"再生可能エネルギー熱"利用技術である。太陽光発電や太陽熱温水器等と同じく、ヒートポンプも、永続的に供給される太陽光由来のエネルギーを、技術により使いやすく変換しているものであり、機器のエネルギー消費効率（COP）を向上させることで、存分に再エネ利用量を拡大させていくことが可能となる。

図表6-6 ヒートポンプの原理

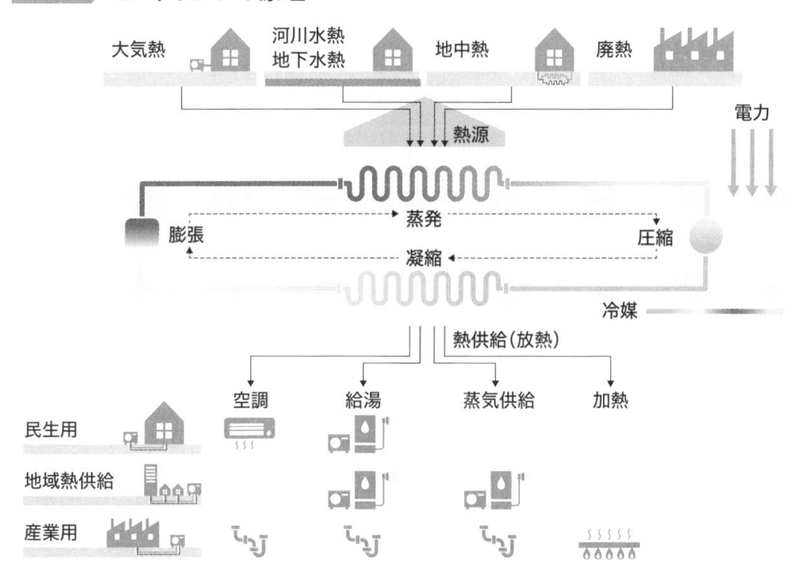

出所：IEA「future of heat pumps」より引用

需要側に高効率なヒートポンプと太陽光発電を設置することで、再エネ電気と再エネ熱をフル活用できる。図表 6-7 は試算結果であり、エネルギー使用量における再エネ利用率は約８割、系統への売電分を自らの貢献度として加味すると、100%再エネと見なすことができる。実際、これだけのエネルギーを他国に依存することなく、国内で自給している訳である。

ヒートポンプ・蓄熱センターは、2022 年に「ヒートポンプによる再エ

図表6-7　太陽光＋ヒートポンプ住宅における再エネ利用率（試算）

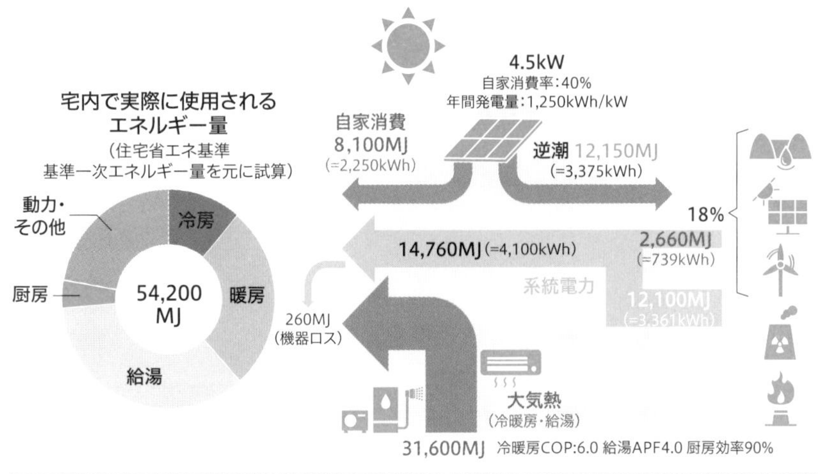

実際に消費されるエネルギー量における再エネ率	太陽光逆潮（売電）分を加味した再エネ率
（2,660+8,100+31,600）÷54,200 ＝78%	（2,660+8,100+12,150+31,600） ÷54,200 ＝100%

出所：経済産業省「エネルギー白書2019」データなどをもとに筆者作成

ネ熱利用量の推計結果」を公表した。これによると、民生・産業部門における冷温再エネ熱利用量を日本の一次エネルギー自給率（2020年度）に加算した場合、11.2%から18.5%に自給率を押し上げる結果となった。こと、資源の乏しい日本においては、これほど有益かつ既に得られる技術を最優先で普及拡大させることが、カーボンニュートラルのみならずエネルギー安全保障の観点からも求められるのではないか。

世界では、ヒートポンプに着目した動きが既に始まっている。

欧州では2009年の「再生可能資源由来エネルギーの利用促進に関する欧州議会及び欧州理事会指令（再エネ促進指令）」の中で、ヒートポンプで汲み上げた大気熱等を「再エネ」と定義し、一定の推計を基に導入量を算定、最終エネルギー量における再エネ比率目標2020年20%を達成した。2030年は42.5%と、更に高い目標を掲げている。

国際エネルギー機関（IEA）は、「World Energy Outlook2022」および特別レポート「The Future of Heat Pumps」を発行した。ウクライナショックに伴うロシアからの天然ガス等化石燃料依存からの脱却を強く意識したものではあり、化石燃料による温熱をヒートポンプに転換していくことが非常に有効な策であることを示した上で、導入拡大に向けた規制と支援策、設置技術者の確保等、課題と解決策が詳しく書かれている。

欧州各国における具体的な政策としては、英国における家庭用ガスボイラーの段階的禁止や、各国でのヒートポンプ導入・省エネ住宅リフォームなどへの支援の大幅拡大といった、様々な措置が図られている。

欧州をはじめとする世界的なヒートポンプ普及拡大は、日本発技術の国際貢献とビジネス拡大の機会でもある。現状、国内３メーカーがグローバルマーケットのうち非常に多くのシェアを確保しており、海外での生産拠点拡充も行われている。日本の技術自給率維持拡大にもつながるものである。

こうした動向を後押しするように、2023年４月に開催されたG7（先進7カ国）気候・エネルギー・環境大臣会合の共同声明においては、建築物の脱炭素化に向けて、「省エネルギー性能の改善、燃料転換、電化、再生可能エネルギーによる冷暖房サービスの提供、持続可能な消費者の選択、建物のエネルギーマネジメントの柔軟性向上のためのデジタル化推進など、様々なアクションを実施する」「我々は、新たな化石燃料による熱システムのフェーズアウトと、ヒートポンプを含むよりクリーンな技術への移行を加速させることを目指す」と記された。

では、日本国内のエネルギー政策においてはどうか。

2009年、いわゆる「エネルギー供給構造高度化法」施行令において、再生可能エネルギー源のひとつとして、「大気中の熱 その他の自然界に存する熱」が明示されている。

2021年の第６次エネルギー基本計画では「徹底した省エネルギーによ

図表6-8 改正省エネ法

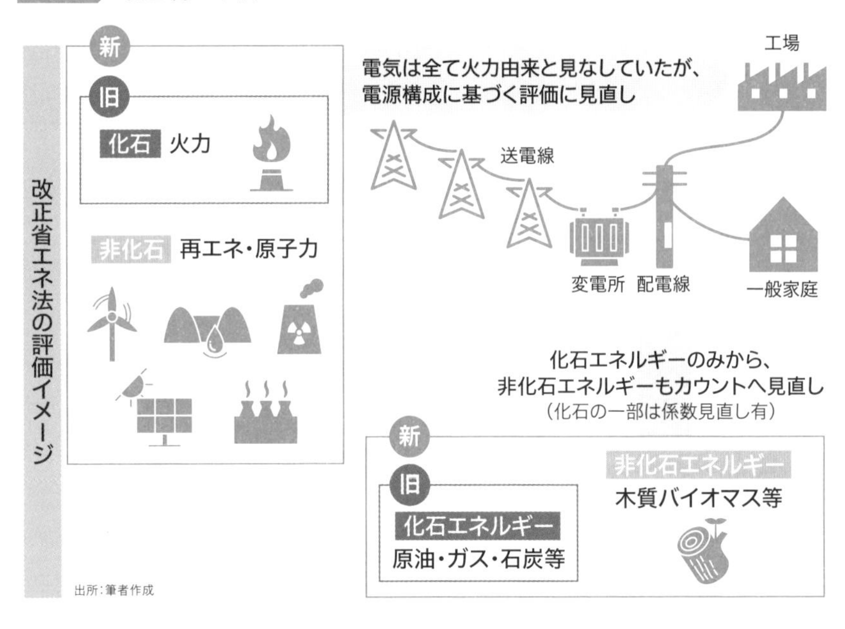

出所：筆者作成

るエネルギー消費効率の改善に加え、脱炭素電源により電力部門は脱炭素化され、その脱炭素化された電源により、非電力部門において電化可能な分野は電化される」と、電化シフトが色濃く示された。

オイルショックを機に制定された、需要側のエネルギー使用量を規制する唯一の法律である「省エネ法（エネルギーの使用の合理化等に関する法律）」は2022年に改正、2023年4月に施行された。名称を「エネルギーの使用の合理化及び非化石エネルギーへの転換等に関する法律」と改め、化石のみならず非化石エネルギーにおいても使用合理化を求めるとともに、非化石使用比率の拡大を各事業者に求めるものとなった（図表6-8）。系統電力の一次エネルギー評価においても、これまでは全て火力発電所由来の電気として大きく見積もられていたが、非化石含む全電源となったことは、エネルギーの公正な評価として妥当なものである。一方で、ヒートポンプを導入しても、その際に利用する大気熱は非化石量に加算しない、と整理されている。

日本の総合エネルギー統計では、EU 再エネ促進指令とは異なり、大気熱等再エネ熱は、エネルギーとして扱われておらず、すなわち使用されていないエネルギーとして整理されているのが現状である。まずは再エネ熱量の算定手法等を確立の上、統計を再整備していくことが肝要であり、これが呼び水となり、更なる再エネ熱利用拡大につながるものと期待される。

助成措置については、民主党政権時代に事業仕分けされた「高効率給湯器導入促進による家庭部門の省エネルギー推進事業費補助金」が 2022 年度補正予算から再スタートされたことは朗報の一つである。今後は、新たに導入される GX 経済移行債の使途の一つとして、需要側の電化シフトにつながる大規模な支援の拡充が期待されるところである。

以上のように、国内においては、電化シフトの重要性は打ち出されているものの、具体的かつ有効な施策選択の優先順位は乏しく、いわば全方位的な政策と言える。もちろん、エネルギーレジリエンスの観点から、様々な選択肢を持っておくことは重要ではあるが、それで本当にカーボンニュートラルが実現できるのか、改めて検証する必要があるのではないか。検証結果を基に、エネルギー政策における最適解が早期に打ち出されれば、エネルギー事業者はそれを自らの環境経営に反映していくであろう。

行政・企業・各個人が一体となって、脱炭素社会を形成していくことが、今後より一層強く求められる。

第7章

海外の電気事業

第7章 海外の電気事業

2050年までに温室効果ガス排出量を実質ゼロ（ネットゼロ）とする方針を掲げるEU（欧州連合）と米国——。

EUは脱炭素と経済成長の両立を目指し、積極的な政策を採用することで、温暖化対応で世界をリードする。しかし、ここ数年は2020年の新型コロナウイルスの流行による景気低迷や2021年の風力発電の出力減少、2022年のロシアのウクライナ侵攻など、脱炭素推進を妨げる出来事が次々と起きている。

現在は、ロシア産天然ガス依存から脱却すべく、原子力発電活用の見直しやグリーンディールの加速化、LNG調達拡大を図っているが、ここにきて「クリーン」とは何かを問い直す動きも見られている。

一方、民主党政権の誕生で気候変動対応に前向きになった米国も2050年ネットゼロを掲げるが、これを達成するシナリオは明示されておらず、実現できるかどうかは不透明である。

消費者物価指数に見る主要国の電気料金の推移

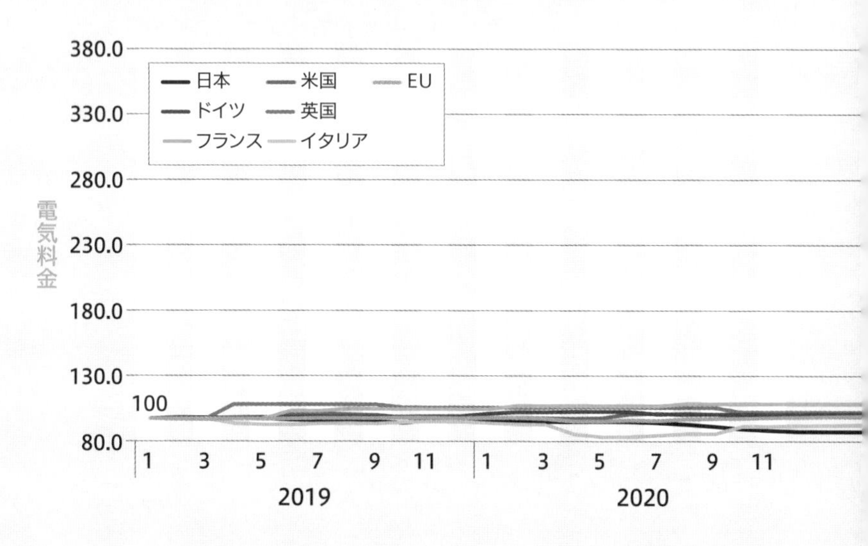

産ガス国である米国は、近年のエネルギー価格高騰では恩恵を受けたが、カリフォルニア州など自由化が進んでいる地域では、火力発電の退出により、緊急時の供給力不足で、計画停電を含めた需給逼迫が毎年のように続いている。

本章では欧米のエネルギー政策の動向を見ていく。

2020年時点のロシア産・原油・天然ガス・石炭の依存率

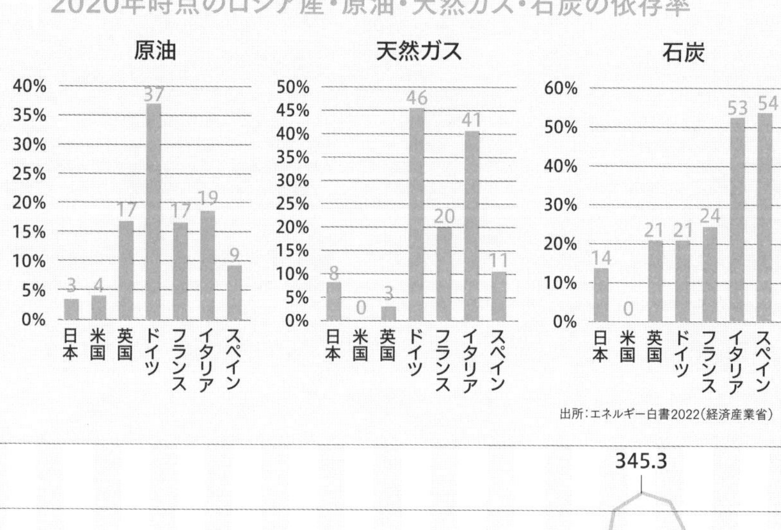

出所：エネルギー白書2022（経済産業省）

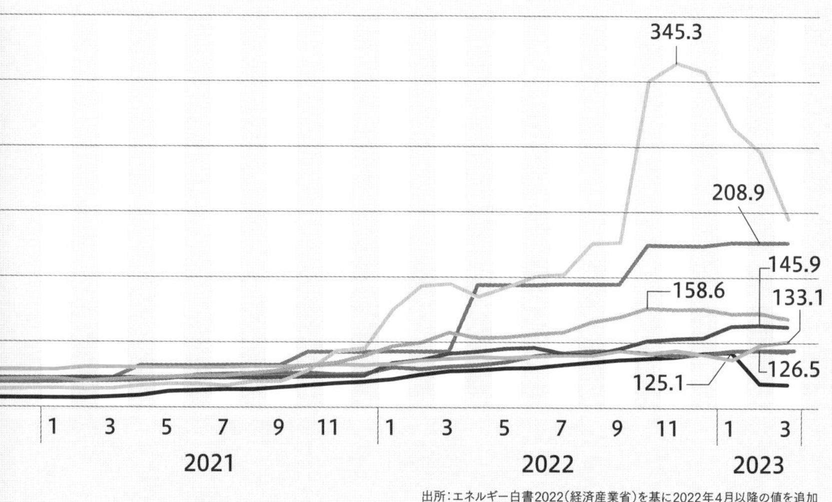

出所：エネルギー白書2022（経済産業省）を基に2022年4月以降の値を追加

7　1

世界の潮流：温暖化とエネルギー危機への対応

小笠原 潤一

欧州では、2019年4月に欧州委員会が欧州グリーンディールと呼ばれる政策方針案を公表し、2050年までに温室効果ガス排出量をネガティブ排出と合わせて実質ゼロ（ネットゼロ）とする方針が示された。この方針が先駆けとなり、2021年4月に開催された米国が主催する気候サミットに向け2050年ネットゼロを掲げる国が増加した。当時は温室効果ガス排出量の多い石炭火力のフェーズアウト（段階的な廃止）が大きな課題として取り上げられ、脱石炭を進めつつ、天然ガスや再生可能エネルギーへ転換していくという想定が多かった。

2019年末から新型コロナウイルス感染症が流行し、経済が世界的に減速したが、復興に向け欧州では2020年にグリーン・リカバリーという温室効果ガス削減に配慮した景気刺激策を策定する動きが広がった。しかし、2021年秋頃から風力発電の出力減少に伴ってガス火力発電の発電量が増加したため、欧州のスポット取引で天然ガス価格が高騰した。さらに2022年2月にロシアがウクライナに侵攻し、同年9月には大陸欧州とロシアを結ぶノルドストリームと呼ばれるパイプラインが損傷するなどして、ロシアからの欧州への天然ガス輸出は大幅に削減され、2020年末まで天然ガス価格の高騰が続いた。

こうしたパイプライン経由の天然ガス依存から脱却すべく、欧州では前述のグリーンディールの加速化やLNG調達拡大、天然ガスの代替となる水素やバイオメタンの開発・活用などが進められている。同年7月には持続可能な経済活動を分類する「EUタクソノミー」規則で原子力と天然ガスを含めることが決まったが、ロシアのウクライナ侵攻を受けて天然ガスへの上流投資を否定する意見も出始めており、欧州を中心に何が「クリーン」なのか、という見方が大きく揺れ動いている。

一方、産ガス国である米国は欧州のLNG調達拡大でLNG輸出量が大きく増加するなど、今回のエネルギー危機で恩恵を受けた国の一つである。しかしカリフォルニア州など自由化を進めつつ温暖化対策に前向きな地域では需給逼迫が毎年のように起きるようになっている。カリフォルニアでは2020年夏季の熱波により計画停電を実施し、2021年、2022年夏季にも熱波が到来し需給逼迫警報が出されている。米国では火力発電の新設投資が縮小しており、廃止容量が新設容量を大きく上回る状況が続いている。このため熱波や寒波による需要の急増などに十分な供給力を確保することが難しくなっており、需給逼迫が起こりやすくなっているといえる。

なお米国では、連邦政府は州をまたぐ問題に対してのみ規制権限を有しており、連邦政府として体系的な温暖化対策を打ち出すことは難しい。2022年8月には気候変動対策に3,690億ドルを投じるインフレ抑制法が可決・成立したが、クリーン電力、クリーン燃料、クリーン自動車、クリーン製造業への税控除など間接的な支援の実施にとどまっている。バイデン政権は2021年1月に2050年ネットゼロを掲げたが、実現可能性は不透明であり、米国エネルギー情報局（EIA）が公表している長期エネルギー見通しでも2050年にネットゼロを達成するシナリオは提示されていない。

以上のように、以前は欧州でも脱石炭・天然ガスシフトを経て、水素や蓄電池といった次世代技術へ段階的に移行していくことが想定されていたが、ロシアのウクライナ侵攻を受けて何が「クリーン」かという定義が大きく揺らいでいる。米国も連邦政府が化石燃料上流投資を抑制する政策を強めているが、足元のエネルギー価格の上昇により批判も大きい。欧州の脱ロシアに向けた化石燃料調達の構造変化を受け、持続可能なエネルギー供給が維持できるか今後の取り組みが注目される。

7 2

エネルギー危機下の欧州電気事業

1）2021年から始まる天然ガススポット価格の高騰

前節で述べた通り、欧州では2021年秋頃から風力発電の出力が大幅に減少し、それに伴うガス火力の発電量増加によって天然ガスのスポット価格が高騰した。さらに、その後のロシアによるウクライナ侵攻やロシアと大陸欧州を結ぶ天然ガスパイプラインであるノルドストリームの損傷などでロシアからの天然ガス輸入が大きく減少し、天然ガススポット価格が高騰しやすい状況となった。加えて欧州委員会は2022年7月にガス貯蔵規則を改正し、同年11月までに加盟国の天然ガス貯蔵設備の備蓄水準を80％にまで引き上げることを義務化した。同年8月末までに備蓄水準80％を達成したが、その間、ガス事業者は天然ガスのスポット価格が高騰しても調達を続けたため、8月末には歴史上まれに見る水準にまでスポット価格が高騰した。

こうしたスポット価格の高騰を受け、各国の前日スポット価格も過去にない水準にまで高騰した（図表7-1）。今回のエネルギー危機以前は、月平均で100ユーロ/MWhを超える月は稀であったが、それが常態化していることが分かる。エネルギー価格の高騰を受け、ドイツで天然ガス輸入における最大手であるUniperがノルドストリームからの輸入をスポット市場での調達に切り替えざるを得なくなったことに伴い巨額の赤字を計上し、2022年12月に国営化された。

図表7-1 欧州主要国の月別前日スポット価格の推移(電気)

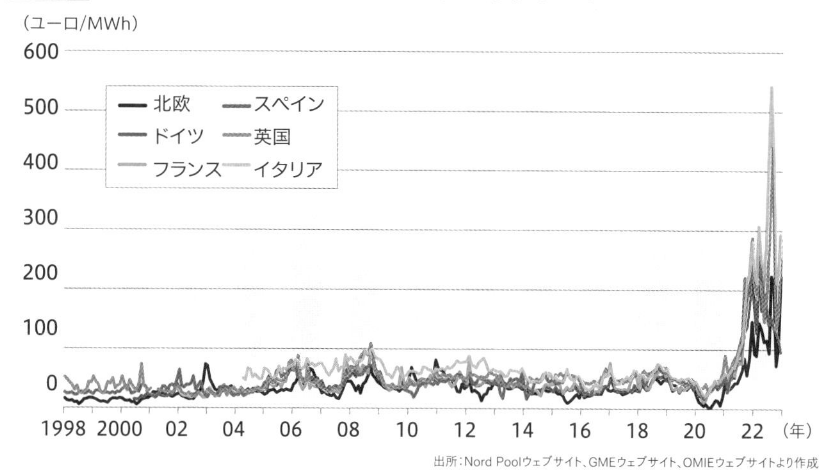

出所:Nord Poolウェブサイト、GMEウェブサイト、OMIEウェブサイトより作成

2) EUの対応策

天然ガスのスポット価格および卸電力の前日スポット価格の高騰を受け、2021年7月に欧州委員会は「Fit for 55」と呼ばれる政策パッケージを公表した。これは、EU(欧州連合)の2030年温室効果ガス削減目標である55%削減(1990年比)を達成するための包括的な推進策であるが、エネルギーのロシア依存低減に向けて、ガス調達の多様化や電化・再エネ発電の導入拡大が盛り込まれている。2022年5月には「Fit for 55」の内容を補足・強化する「RePower EU Plan」と呼ばれる政策パッケージが公表された。ただしこれらの政策は即効性が低いため、欧州委員会は同年7月に15%のガス消費削減を各国に求めたが、自主的な取り組みにとどまることになった。

10月にはエネルギー価格高騰時の緊急介入規則が可決し、各国に電力消費量10%削減・最大電力5%削減の義務を課すとともに、売電収入にキャップ(上限)を課し需要家に還元することが認められることになった。また、電力前日スポット価格の高騰に伴って住宅用を中心に電気料金を抑制する政策を導入する国が多いが、それを是認する形となった。

3）ドイツの電気料金高騰

天然ガス価格・卸電力価格高騰は大口需要家に大きな影響を与えた。ドイツの中圧規模の産業需要家の電気料金単価の推移を図表 7-2 に示すが、過去に類をみないほどに上昇していることが分かる。また、電気料金・天然ガス料金の上昇幅を規模別でみると、最も規模の大きい需要家が大きな影響を受けている。大口需要家は自ら市場調達することも可能であり、市場連動に近い形で電気・天然ガスの供給を受けていることで、今回の卸価格高騰の影響を大きく受けたものと考えられる。

図表7-2 ドイツ産業用電気料金の推移

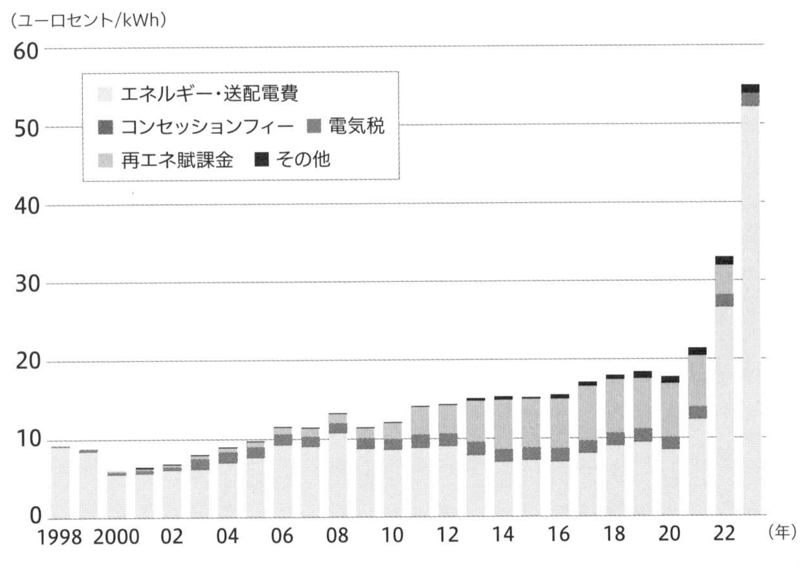

注：年間電力消費量16万kWh～2,000万kWh（中圧）
出所：BDEW

4）水素導入目標を大幅に引き上げ

今回のエネルギー危機に伴う政策見直しで、2030 年に向けた最終エネルギー消費に占める再エネの割合は、2018 年欧州再生可能エネルギー指令の32%から「Fit for 55」で40%、「RePower EU Plan」で45%にまで引き上げられた。これは主として再エネ発電による水の電気分解で得られた水素の導入目標が大きく引き上げられたことに伴うものである。水素は天然ガス代替燃料として注目されており、「RePower EU Plan」では2030年に再エネ発電起源の域内水素生産1,000万t、そして域外からの再エネ発電起源の水素輸入1,000万tという目標を設定している。

なお欧州では液化水素船による輸入は困難と見られており、域外からの水素の調達ではパイプライン以外の輸入方法としてはアンモニアに変換して船で輸入する方法が注目されており、実際に輸入港の建設計画も進んでいる。

5）英国は混雑解消に市場主導型系統利用ルールを検討

英国では2022年5月に送電系統運用者であるナショナル・グリッドESO（NGESO）が現在の卸電力市場の仕組みではネットワーク制約解消費用の増加を抑えられないとして、相対型自己給電かつ全国単一市場という枠組みから自己スケジューリングを認める中央給電型かつ地点別限界価格方式への移行を提唱した。これは政府大での電力市場の見直し提案である2022年7月の電力システム全般に係わる制度改革提案にも含められ検討が進められている。混雑解消を再給電から地点別限界価格方式に変更することで混雑処理を内部化するため、混雑解消費用を抑制することができる。

7 3

米国各地域の需給危機と制度動向

産ガス国である米国における欧州の天然ガス価格高騰の影響は、LNG輸出価格の上昇に伴う国内天然ガス価格の上昇がみられたものの軽微であった（図表 7-3）。LNG輸出価格の上昇に伴って、国内の天然ガス価格が上昇し、それに合わせて卸電力スポット価格も上昇した程度であった。なお2021年2月のテキサス州の独立系統運用機関（ISO）であるテキサス電気信頼性評議会（ERCOT）の卸スポット価格が1,782.5ドル/MWhに達しているが、これは後述の需給逼迫および計画停電の期間にプライスキャップ（価格上限）の水準である9,000ドル/kWhをつけたことに起因している。

図表7-3 米国RTO・ISO月別スポット価格の推移

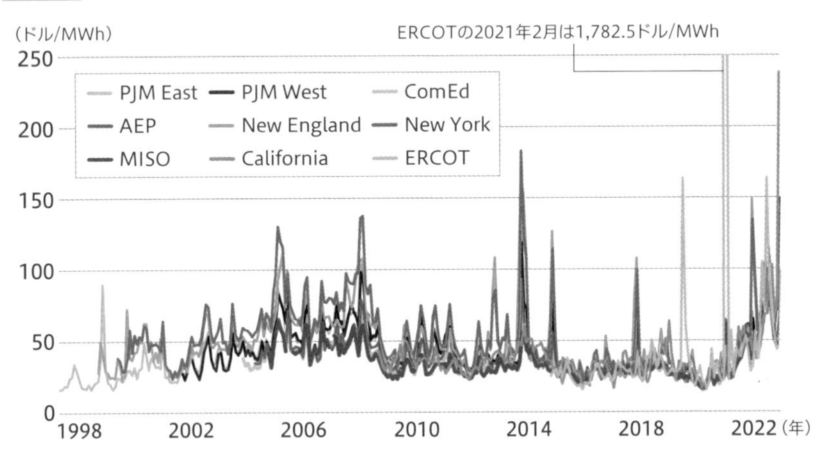

出所：各RTO・ISOウェブサイトより作成

1）再エネに積極的な地域では需給逼迫も

一方で再エネ発電の導入に熱心な地域で需給がタイト化しやすくなっている。カリフォルニア州では2020年夏季に熱波の到来で8月に最大で100万kWに達する計画停電を実施した。2021年夏季・2022年夏季も熱波の到来で需給逼迫警報が出されている。これら需給逼迫に共通しているのは熱波が米国西部地域全域にわたって到来しており、通常であれば受けられる州外からの電力融通が著しく縮小したことが影響している。カリフォルニア州ではガス発電設備の新設も住民の反対運動で実現が難しい一方で、2023年～2025年にガス火力と原子力で615万kWの廃止が予定されている。今後の発電設備の新設は太陽光発電および蓄電池が大半であり、蓄電池の効率的な運用確保が大きな課題になっている。

2021年2月にはテキサス州で広域的な寒波の到来により風力発電の停止や天然ガス生産設備の故障に伴うガス発電の出力減少で計画停電が実施された。ピーク時の需要規模が7,000万kW程度のエリアで計画停電要請は最大で2,000万kWに達した。同州では2011年2月に寒波の到来で天然ガス生産設備の停止や発電設備の故障で需給逼迫となり累計で400万kWの計画停電が実施された。また、同州では2014年にも寒波で需給逼迫となったことを受けて電気事業者に寒波対策を義務付け、それ以降に安定供給を維持したが2021年の寒波は過去に類をみないほど広域に及んでおり大量の設備停止を招いたものと考えられる。テキサス州では石炭火力の廃止を進め、ガス火力への依存が高まっており、寒波による天然ガス生産の停止の影響を受けやすい構造になっていることも影響している。

2）小規模なDERの卸市場参加を促進

米国では住民の反対運動や州政府の政策方針で従来型の大規模発電設備の新設が難しくなってきているため、小規模供給力の活用が将来に向けて大きな課題になっている。

連邦エネルギー規制委員会（FERC）は2020年9月17日に、分散型エネルギー資源（DER）の卸電力市場への参加を促進する「オーダー2222」の最終規則を公表した。蓄電池は2018年2月28日の「オーダー841」で市場参加が認められるようになったが、他のDER（自家用発電設備を含む）にも拡大するものである。デマンドレスポンス（DR）の市場参加の最小単位は100kWに引き下げられ、アグリゲーターがより小規模な設備を100kW集めた場合にも適用される。

RTO（地域送電機関）・ISOは従来型発電設備と同等の性能でアンシラリーサービスを含む卸市場への参加を求めており、その際に課題になっているのは計量器とテレメーター（数秒間隔でRTO・ISOの指令所と通信できる設備）の設置である。例えば二次調整力としての活用を想定した場合、数秒間隔で指令値の受信と発電出力値の送信を行う必要があるが、そうした条件を満たすには追加的に計量器・テレメーターを設置する必要がある。特にテレメーターは小規模設備用に開発されておらず、設備費用・通信費用が高額になり、実質的に参入が困難になる恐れが高い。そのためPJM（米国北東部の系統運用者）では2022年2月にまとめた最終規則で従来のテレメーターを必須とする要件を見直し、機器の特定の規格の認証を受けたインバーターでの通信を認めることになった。小規模供給力のアグリゲーションが同地域でどの程度進展するのか注目される。

基 礎 用 語

電気事業のあらましと電力自由化の歴史

電気事業とは電気を生産し、送電線などで送り、販売する事業を指します。日本では1878（明治11）年3月25日に初めて電気によるあかりがともり、1887年11月には東京電燈が東京の日本橋茅場町から送電を開始しました。これが日本における電気事業の始まりです。日本の電気事業は創成期から民有・民営の私企業によるのが特徴で、第2次世界大戦に先だって国家管理となったものの、戦後は、民営の地域電力会社9社に再編され、地域独占、発送配電一貫体制となりました。

電気事業はその公益性から、もともと事業に政府が関与していましたが、1965年に電気事業法が施行されてからは、同法で規制されています。

1990年代の世界的な規制改革の流れを受け、1995年以降、国際水準と比較して割高といわれた電気料金の是正などを目指した電気事業制度改革が行われています。

第1次電気事業制度改革（1995年）

- 卸電気事業の参入許可を原則撤廃し、競争入札による電源調達入札制度が創設され、独立系発電事業者（IPP）の発電市場への参入が認められました。これにより電力会社が他の電力会社・卸電気事業者以外からも電力を購入することが可能となりました。
- 特定電気事業制度が創設され、自前の発電・送配電設備を持つ事業者による特定供給地点への電力小売事業が制度化されました。
- 料金規制を見直し、選択約款・ヤードスティック規制・**燃料費調整制度**の導入などが実施されました。

第2次電気事業制度改革（1999年）

- 小売分野において、特別高圧需要家（契約容量2,000kW以上、2万V特別高圧系統以上で受電）を対象として部分自由化が導入されました。これにより翌2000年3月から特定規模電気事業者（PPS のちに新電力）が、電力会社の送配電網を利用し、対象需要家へ供給することが可能となりました。

・非自由化領域の需要家に対しては、その利益を阻害する恐れがない場合、料金引き下げなどの改定を認可制から届出制に移行し、料金メニューの設定要件緩和などが実施されました。

・電力会社が保有する送配電網を特定規模電気事業者が利用するための小売託送ルールの整備、兼業規制の撤廃などが行われました。

第3次電気事業制度改革（2003年）

・小売分野において、高圧需要家（2004年からは契約電力500kW以上、翌2005年から同50kW以上〔この時点ですべての高圧需要家が対象〕まで部分自由化範囲が拡大され、これにより販売電力量の約6割が自由化対象となりました。

・全国規模の電力流通活性化を目的として、供給区域をまたぐごとに課金される振替供給料金の廃止、電力調達の多様化を目的とした卸電力取引市場の整備（日本卸電力取引所の開設を含む）が決定されました。

・一般電気事業者の送配電部門における会計分離、内部相互補助の禁止、情報遮断、差別的取り扱いの禁止が電気事業法により担保されました。また、公平性・透明性・中立性を確保することを目的とし、これらに係るルールの策定、および監視などを行う機関として、中立機関（電力系統利用協議会＝電力広域的運営推進機関の設立にともない2015年3月に解散）が創設されました。

第4次電気事業制度改革（2008年）

・小売分野の全面自由化は見送られ、5年後をめどに範囲拡大の是非についてあらためて検討することとなりました。

・卸電力市場の活性化に向け、日本卸電力取引所での従来のスポット取引・先渡取引に加え、時間前取引の開始が決定されました。

・PPSの競争条件を改善する観点から、同時同量制度、インバランス料金が見直されました。また、託送料金制度についても、変更命令発動基準を見直し、ストック管理方式が導入されました。

第5次電気事業制度改革（2015～2020年）

- 電力小売全面自由化を前に、中立的・独立的な組織として電力広域的運営推進機関と電力取引監視等委員会（現電力・ガス取引監視等委員会）が設立されました。
- 2016年4月からライセンス制が導入されるとともに、電気の小売全面自由化が開始されました。
- 2020年4月に旧一般電気事業者の発送電分離（送配電部門の法的分離）が実施されました。

◆

公益事業

こうえきじぎょう

定義は必ずしも明確ではないが、伝統的には自然独占の性質があって、参入規制や料金規制などの公的規制が必要である事業や、国民生活に不可欠であって、誰もが利用可能な料金などの適切な条件で、あまねく安定的な供給を受ける必要がある事業が公益事業と呼ばれている。一般的に、電気、ガス、熱供給、水道などを担う事業を指すが、広義には鉄道、バス、航空などの運輸産業や、電話、情報、放送などの電気通信産業なども含める。

電気事業では、自然独占性が認められ、①供給区域内の全ての需要家にあまねく、無差別に供給を行う（供給義務、最終保障）、②事業の継続性と経営の安定性の確保（事業参入・退出の許可制、料金規制）、③供給約款の作成や部門別会計の実施といったその他の規制――などの公益事業規制が課せられていた。

自然独占

しぜんどくせん

ある産業において、市場全体の需要に対して、1社で供給する方が、複数の企業で供給するよりもコストが小さくなる状態にあること。自然独占状態では、政府が独占的な供給を認める代わりに、その独占企業を規制する方が効率的になる。電力産業は巨大な設備を必要とするその産業特性から、発電から小売まで産業全体で自然独占性を有するとされてきた。

しかし近年、分散型電源などの技術進歩により、自然独占性が相対的に弱まったとの認識となり、電気事業においても自由化が徐々に行われてきた。送配電ネットワーク分野については現状でも自然独占性が強いとされ、2016年4月の小売全面自由化以降も公的規制の対象となっている。

地域独占

ちいきどくせん

ある地理的な範囲においてある市場が独占されていることを表す。第2次世界大戦後、日本の電気事業は復興へ向け事業基盤を強化することを主眼とし、一般電気事業者9社(沖縄を含めると10社)による地域独占体制を採用した(1951年)。

図1 旧一般電気事業者の事業エリア

ネットワーク産業

ねっとわーくさんぎょう

ネットワークを通じてサービスが提供される産業を指す。一般に、電気は発電設備から多段階にわたる送電ネットワーク設備、地域の配電ネットワーク設備を経て、消費者の受電設備へと届けられることから、電力産業はネットワーク産業の一つに数えられている。電力のほか、ガス、通信、放送、航空、鉄道、郵便などがネットワーク産業に当たる。

エッセンシャルファシリティー

Essential Facility

特定サービス提供に不可欠な施設、知的財産権などを指す。ボトルネックファシリティー、不可欠施設とも呼ばれる。

電気事業においては、送配電ネットワークなどの設備は巨額の初期設備投資を必要とし、設置場所など物理的な制約からも、他の競争事業者が参入する際、容易に同等のものを用意することはできない。よって、このような設備が既存事業者によって所有されるなど、自然独占性が残らざるを得ない側面がある。

一方、いわゆるエッセンシャルファシリティー理論では、競争を促進するためには、公平かつ公正なエッセンシャルファシリティーの利用に関するルールを整備し、その遵守状況を監視する機能を確立し、事前規制から事後規制へ移行することが重要であるとされる。

もっとも、これらに該当する領域（費用逓減性やネットワーク外部性が認められるもの）は比較的容易に認識されるものの、その一般的な基準は十分に明瞭とはいえない。またアクセスや取引条件などのルール作りにおいては困難な問題が多い。

一般電気事業者

いっぱんでんきじぎょうしゃ

一般の需要に応じて電力供給を行う事業者。地域ごとに自由化前から電気事業を行っている電力会社10社のこと。一般電気事業を行う者は、経済産業大臣の許可が必要であった。一般電気事業者には、事業を行う供給区域が定められており、その供給区域内の規制需要家の申し込みを拒むことができず（供給義務）、自由化対象需要家に対する最終的な供給の責任を負っていた（最終保障サービス）。

2014年6月の電気事業法改正により、2016年4月以降は一般電気事業という区分が廃止されており、旧一般電気事業者は、発電事業、一般送配電事業、小売電気事業のライセンスを取得し、それらの事業を行っている。

卸供給事業者／独立系発電事業者（IPP）

おろしきょうきゅうじぎょうしゃ／どくりつけいはつでんじぎょうしゃ

国内では1995年の電気事業法改正によって新規参入が認められた電力の卸供給を行う発電事業者を指す。2016年3月までは入札によって一般電気事業者に発電した電力を卸売りしていた（卸電力入札制度）。通常は、一般電気事業者と資本関係のない独立系の発電会社を指すことが多く、国内の卸供給事業者には、製鉄や石油など自家用発電のノウハウを持つ企業がいた。

第5次制度改革で、2016年4月からライセンス制の導入に伴い、卸供給事業者という区分は廃止され、旧卸供給事業者は発電事業者に整理された。

独立系発電事業者（IPP）とも呼ばれ、海外、特に発展途上国では、増え続ける需要に対して外資による発電能力を増強するため、積極的にIPPの導入を図るところも多い。

特定規模電気事業者（新電力）

とくていきぼでんきじぎょうしゃ（しんでんりょく）

1999年の電気事業法改正で小売部分自由化が導入され、自由化された一定規模の電力需要（特定規模需要）に対し、主に一般電気事業者が持つ送配電ネットワークを利用して電気の供給を行っていた一般電気事業者以外の事業者のこと。略称はPPS（Power Producer and Supplier）だったが、のちに新電力と呼ばれるようになった。小売全面自由化を規定した2016年4月以降、ライセンス制の導入により電力小売事業を行う事業者は、小売電気事業者として登録している。なお、現在では旧一般電気事業者以外の小売電気事業者のことを新電力と呼ぶことが多い。

余剰電力限界費用玉出し

よじょうでんりょくげんかいひようたまだし

2016年4月の電力小売り全面自由化を控え、卸電力市場活性化に向けて旧一般電気事業者が「自主的な取り組み」として表明した対応。経済産業省の電力システム改革専門委員会では、新電力が小売市場に参入しやすくなるには、卸電力市場で扱われる電気の厚みが重要とみていた。そうした議論の流れを背景に、旧一般電気事業者9社は専門委員会の中で①限界費用（電力を1kWh時追加的に発電する際に必要となる費用）に基づく入札を行う②需給逼迫解消を前提に、数値目標を伴って売り入札を行う――との方針を示した。

旧一般電気事業者の表明を受けて、専門委員会が2013年2月にまとめた報告書では「余剰電力限界費用玉出し」を次のように整理した。

❶実需給前日の予備率「8％」または「最大電源ユニット相当」を確保し、それを超える電源分をスポット市場に投入

❷実需給4時間前の予備率「3～5％」または「最大電源ユニット相当」の予備力を確保し、それを超える電源分を時間前市場に投入

「自主的な取り組み」という位置付けではあるものの、専門委員会の報告書は「予備力を確保した上で、時間軸に応じて供給余力を判断し、原則全量を卸電力取引所に投入することが適当」と記している。

商品としての電気と電力系統

電気とはエネルギーの一つで、熱や力、光、情報など様々な形態のエネルギーや便益への変換が容易で、伝送や遮断も比較的簡単なため、現代では様々な分野で利用される必要不可欠なものとなっています。

電気は発電所でつくられて送電線、配電線といった電力系統を通り、家庭やビル、工場などの需要家に届けられます。電気の単位にはボルト、アンペアなどがあり、それぞれ以下のような意味を持っています。

	単位	読み方	意味
電圧	V	**ボルト**	電気を流す力
電流	A	**アンペア**	電気の流れる量
電力	W	**ワット**	電気が仕事をする力 W(電力)=V(電圧)×A(電流)
電力量	Wh	**ワットアワー**	使用した電力の総量 W(電力)×h(時間)=Wh(電力量)

◆

電気の品質

でんきのひんしつ

大きく分けて①電気の周波数や電圧が一定であること、②停電もなく安定的に供給されていること――が電気の品質の要素である。電気の品質が悪いと、需要家側では、電気製品が故障したり、製造工程にある製品の完成度に影響が出るなどの被害を受ける。たとえば精密機器を製造する工場の場合、停電に至らない瞬時電圧低下でも、不良品が発生し製造ラインを停止しなければならないケースもある。日本は他の先進国に比べても電気の品質が高いといわれている。

周波数

しゅうはすう

交流の電気が1秒間に繰り返す振動数のこと。電気には、電池などで用いられる直流と、電力ネットワークで利用されている交流がある。直流の電気は電圧が一定だが、交流の

図2　周波数のしくみ

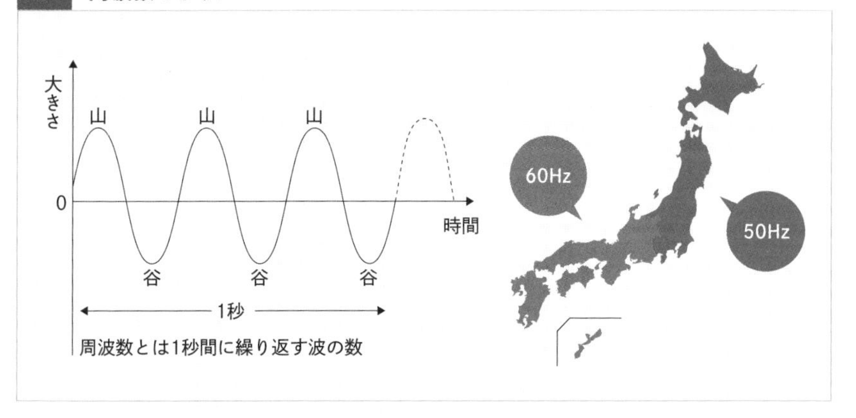

電気の電圧は規則正しく波のように大きくなったり小さくなったりする。

周波数は1秒間に繰り返す波の数を指す。ヘルツ（Hz）という単位で表され、1秒間に50の波があれば50Hz、60の波があれば60Hzという。日本の周波数は静岡県の富士川と新潟県の糸魚川付近を境に、東側が50Hz、西側は60Hzに分かれている。

電力系統

でんりょくけいとう

発電所から消費者の受電設備に至る電気ネットワークの総称。火力発電所、水力発電所、原子力発電所などの大型発電設備で発電された電気は、10万V以上の高い電圧の送電ネットワーク(基幹系統)によって送電され、変電設備で降圧されて、より低い電圧の送電ネットワーク（地域供給系統または2次系統という）、さらに配電ネットワーク（配電系統）を経て、需要家の受電設備に届けられる。経済産業省令を踏まえて送配電ネットワークを電圧別に見た場合、2.2万V以上のネットワークが「特別高圧」、6,600Vが「高圧」、それより下が「低圧」に区分される。

供給信頼度

きょうきゅうしんらいど

停電の発生頻度、継続時間、発生範囲によって表現される電力供給の信頼性。停電の起こりにくさなどによって示される電気の品質の一つ。供給信頼度を向上するには①需要が不確実に変動しても需給が一致できるように適切な設備予備力を確保する、②電圧・周波数などを適正範囲に維持できるようにする、③停電が生じたらその範囲を限定し、事故地点

図3 電力系統（東京電力の例）

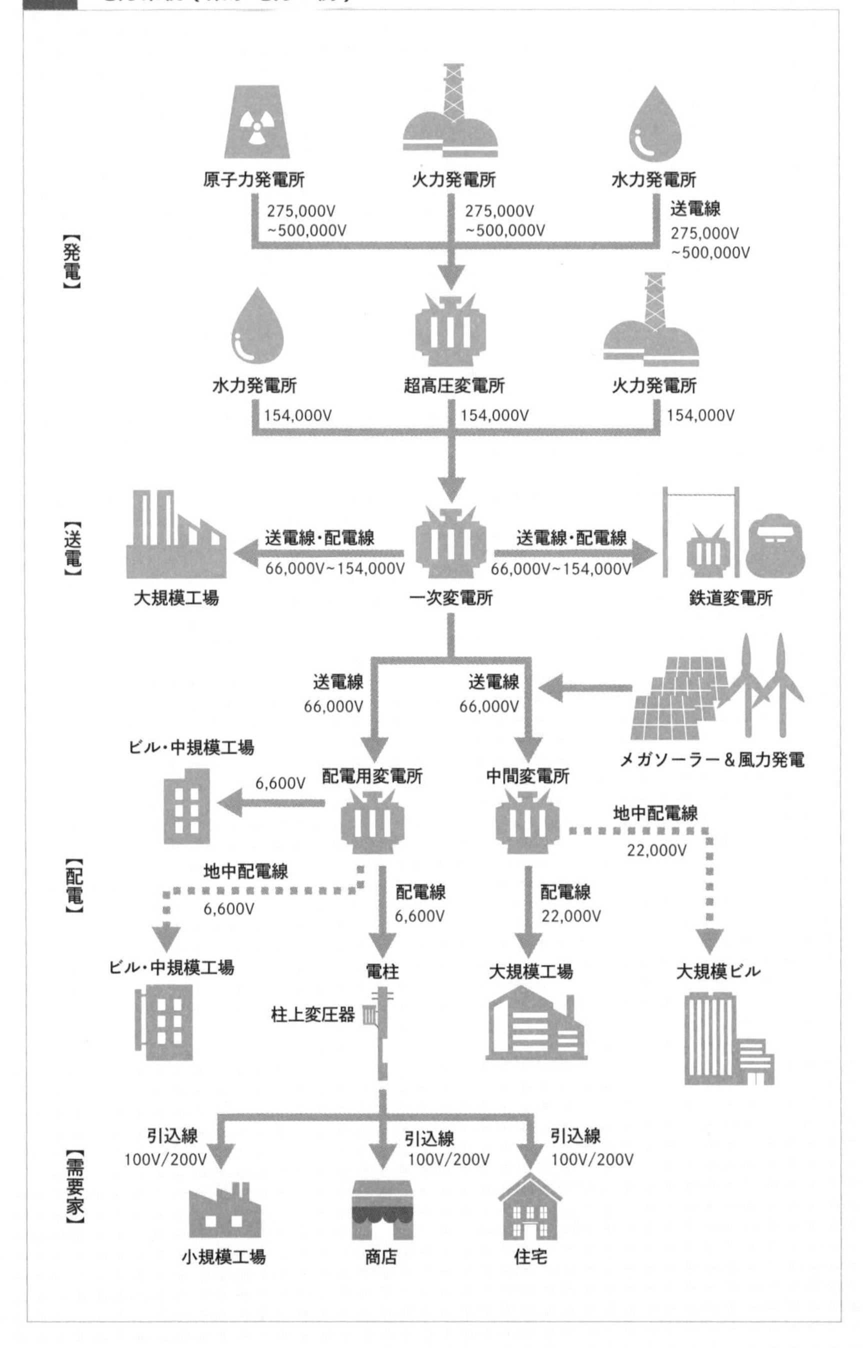

付近の切り離しや迅速な再送電を実施する——などの措置が必要となる。

系統安定度

けいとうあんていど

事故などによって、発電量と電力消費量のバランスが崩れた場合に、崩れた状態から新しくバランスが取れた状態に収束する力のことを指す。周波数などの電気の品質の安定性という意味。電力系統に接続する全ての発電機は同一の回転数で回り続けているが、電力系統に事故が発生した場合などには、発電機の機械的入力と電気的出力にアンバランスが生じ、電圧や周波数が大幅に変動してしまう。このように系統が不安定になると大規模停電につながる可能性があるため、いち早くバランスを回復する必要がある。

同期発電機と慣性力

どうきはつでんきとかんせいりょく

火力や原子力、水力といった発電所はタービンの回転によって発電機を動かす。こうした発電機は同期発電機という。需給バランスが乱れるなどして周波数が低下したりすると、同期発電機の回転体に蓄えられた慣性エネルギーが需給バランス改善に役立つ。

一方、太陽光や風力発電といった電源は、同期発電機のような慣性力を持っていない。自然条件によって変動する電源が増え、同期発電機が減っていくと、需給バランスを支える慣性力が減少し、周波数が不安定になることが懸念されている。

図4 需要家1軒当たりの年間事故停電時間の国際比較

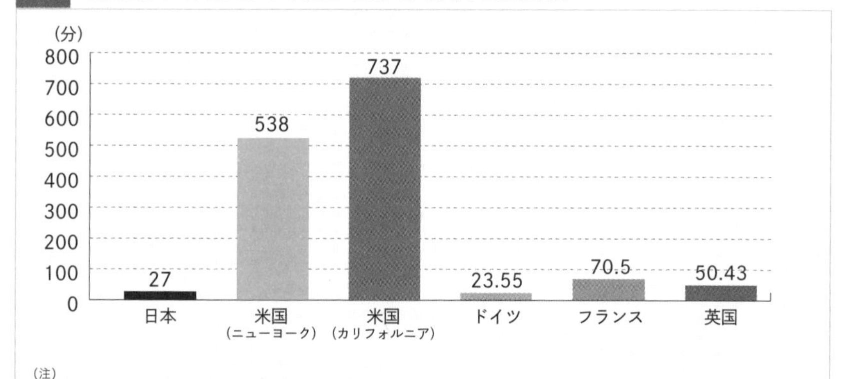

(注)
日本・米国(ニューヨーク)は2020年度の事故停電・作業停電実績。米国(カリフォルニア)は2019年度の事故停電・作業停電実績。 電力広域的運営推進機関「電気の質に関する報告書(2020年度実績)」より。
ドイツ・フランス・イギリスは2016年の事故停電・作業停電実績。CEER「Benchmarking Report 6.1 on the Continuity of Electricity and Gas Supply」
出所:東京電力ホールディングスホームページ(https://www.tepco.co.jp/corporateinfo/illustrated/electricity-supply/1253673_6280.html)

発電所の種類と特徴

日本における2021年度の発電設備容量は3億1,467万kWで、その約82%を火力発電、水力発電、原子力発電が占めています。また2020年度の発電電力量は約1兆kWhで、原子力発電、火力発電、水力発電が約88%を供給しました。

2012年7月のFIT（固定価格買取制度）開始以降、太陽光や風力といった再生可能エネルギーの設備が急速に増加しており、FITの認定を受けた発電設備（運転開始前を含む）は2022年12月末現在で1億262万2,000kWに上ります。運転開始前のために発電設備容量には含まれていないものが大半ですが、全て運転した場合は発電設備容量の3割程度を占めることになります。FIT認定設備の8割を占める太陽光発電は、発電量が常に変動し、夜間に発電しないため、全てが運転を開始した場合には、電力品質などに課題が出てくる可能性があります。

◆

火力発電

かりょくはつでん

一般的に化石燃料である石油や石炭、天然ガスなどを燃焼させて湯を沸かし、蒸気を発生させることでタービンを回し、電力を発生させる発電方式のこと。タービンを回した蒸気は、その後、復水器で冷やされて水に戻り、またボイラー内に送られて蒸気に変わる。燃料の輸送や冷却水の大量調達に有利な海岸沿いに設置されることが多い。

【主な発電方式】

汽力発電＝蒸気でタービンを回して発電するもっとも一般的な火力発電。

内燃発電＝ディーゼルエンジンなどの内燃機関で発電する方式。主に離島などで利用される。

ガスタービン発電＝高温の燃焼ガスを発生させ、そのエネルギーでガスタービンを回す方式。

コンバインドサイクル発電＝ガスタービンと蒸気タービンを組み合わせた発電方式。発電効率が高く、運転・停止も短時間で可能。

図5　一般的な火力発電所のしくみ（汽力発電）

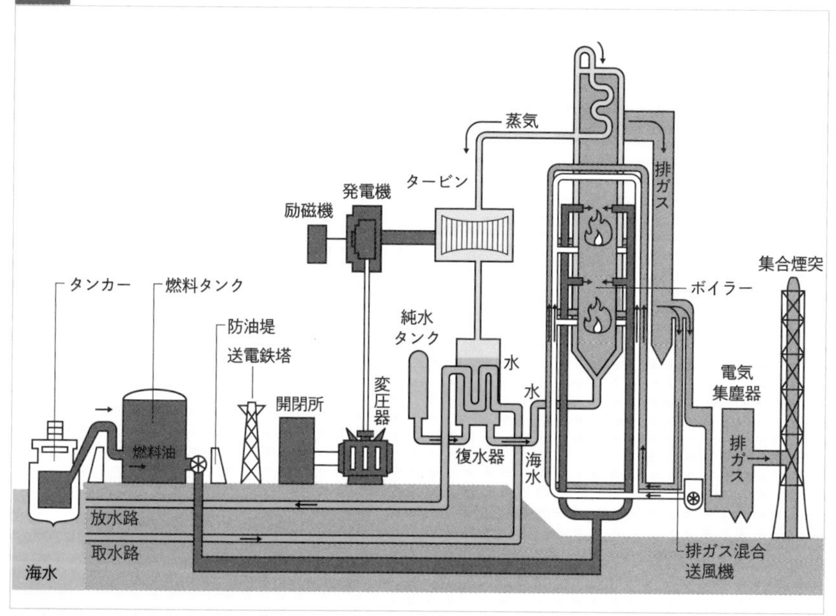

図6　一般的な火力発電所のしくみ（コンバインドサイクル発電）

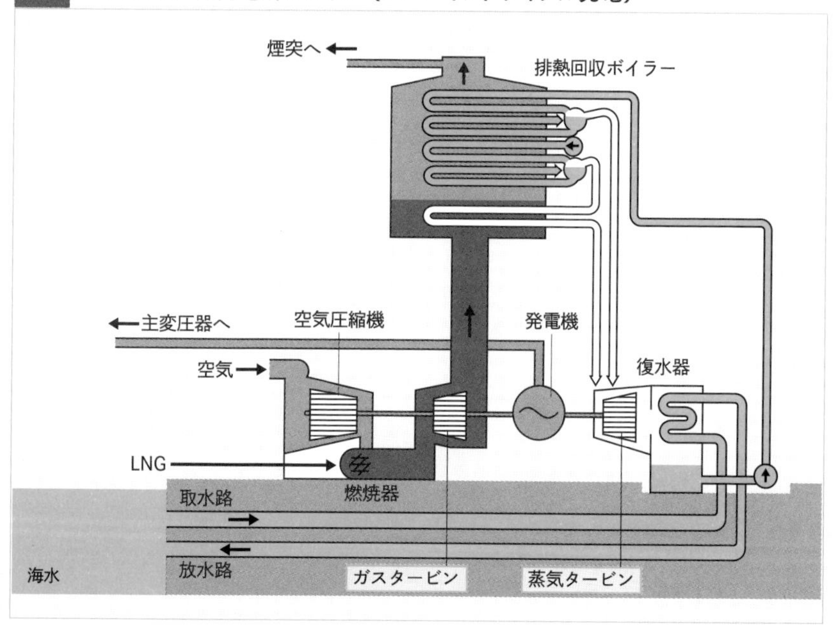

出所：電気事業連合会ホームページ

【燃料別の特徴】

石油火力＝燃料単価が高く、国際情勢などの影響を受けやすい。

LNG 火力、その他ガス火力＝LNG は液化天然ガスのこと。石油・石炭に比べると二酸化炭素（CO_2）排出量が少ない。燃料単価は石炭火力よりも高く、石油火力よりも安い。

石炭火力＝石油に比べ埋蔵量が豊富で単価も安いが、CO_2 排出量が多く、ばいじんや硫黄酸化物（SOx）、窒素酸化物（NOx）などの環境対策も必要となる。

水力発電

すいりょくはつでん

水が高いところから低いところへ落ちる時の力（位置エネルギー）を利用して水車を回し、電力を発生させる方式。

自流式（流れ込み式）＝河川の水をためず、高低差による流れをそのまま発電に使用する方式。出力の小さい発電所が多い。水が流れている限り常に発電し続けるためベースロード電源と位置付けられている。

調整池式＝河川の流れをせき止めた規模の小さいダムを用いて、電力需要の増加に合わせて水量を調整しながら発電する方式。1日から数日間の短期間の水量を調整することが可能。

【自流式】

取水口

河川

水力発電所

貯水池式＝調整池式より規模の大きいダムに、水量が豊富で電力需要が比較的少ない春・秋などに河川水をため込み、需要期である夏や冬に発電する方式。年間を通じて水量を調節する。

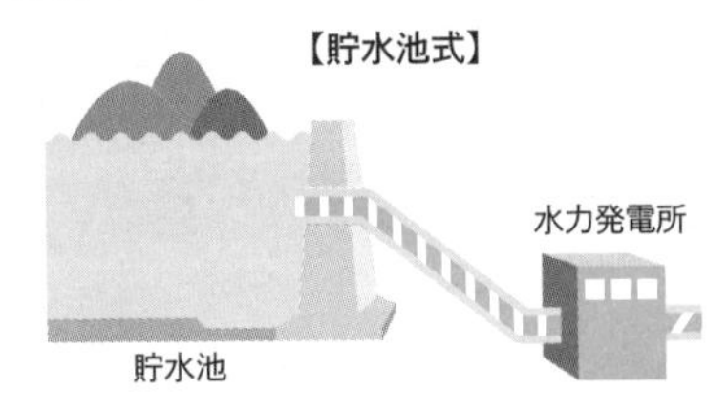

揚水式＝発電所をはさんで河川の上部と下部にダムをつくって貯水し、電力需給の状況に合わせて水をくみ上げたり、発電したりする方式。原子力発電などのベースロード電源に余裕がある場合は、需要の少ない夜間の電力を利用して下部ダムから上部ダムに水をくみ上げ、昼間、電力需要が多い時間帯に上部ダムの水を下部ダムに落として発電する。機動性が高いため、ピーク時間帯の供給のほか、再生可能エネルギーが増加した場合の調整電源として期待されている。

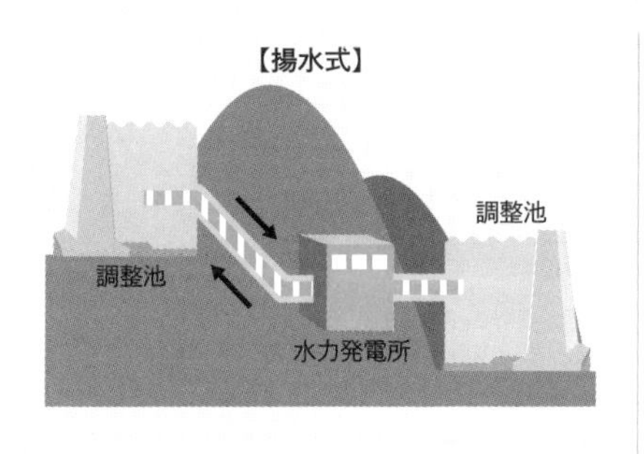

原子力発電

げんしりょくはつでん

ウラン235などの核分裂反応による熱を利用して湯を沸かし、蒸気タービンを回して発電する方式。蒸気でタービンを回し発電するのは火力発電と同じ。

2023年5月末現在、わが国における商業発電用の原子炉（運転中）は沸騰水型軽水炉（BWR）17基、加圧水型軽水炉（PWR）16基。BWRを採用しているのは東北電力、東京電力、中部電力、北陸電力、中国電力。PWRを採用しているのは北海道電力、関西電力、四国電力、九州電力。日本原子力発電はBWR1基、PWR1基がある。

2011年3月の東日本大震災に伴う東京電力福島第一原子力発電所事故により、原子力発電所の安全規制が見直され、原子力規制委員会により策定された新たな規制基準への準拠が求められており、安全対策の実施などにより運転停止が長期化している。2023年5月末時点で新規制基準の適合性審査を終了し、再稼働したのは関西電力の高浜発電所3、4号機、大飯発電所3、4号機、美浜発電所3号機、四国電力伊方発電所3号機、九州電力の玄海原子力発電所3、4号機、川内原子力発電所1、2号機の計10基で、炉型はすべてPWRである。

原子力発電は、燃料棒を装塡し発電を開始すると、次の定期検査までの約13カ月間、ほぼ出力一定で発電する。燃料の調達ルートもオーストラリアやカナダ、米国など情勢が安定した友好国が多いため、エネルギー安全保障の面から重要視されてきた。また地球温暖化問題が顕在化してからは、発電時に二酸化炭素（CO_2）を排出しないことから、クリーンな発電方式として認識されるようになった。

2021年10月に改定された国のエネルギー基本計画では、原子力発電について、「必要な規模を持続的に活用していく」との方針を示している。

再生可能エネルギー

さいせいかのうえねるぎー

石油や石炭、天然ガスなどの限りある化石燃料と異なり、自然現象のサイクルなどにより資源の再生が可能なエネルギー。太陽光や太陽熱、

図7 沸騰水型炉（BWR）原子力発電のしくみ

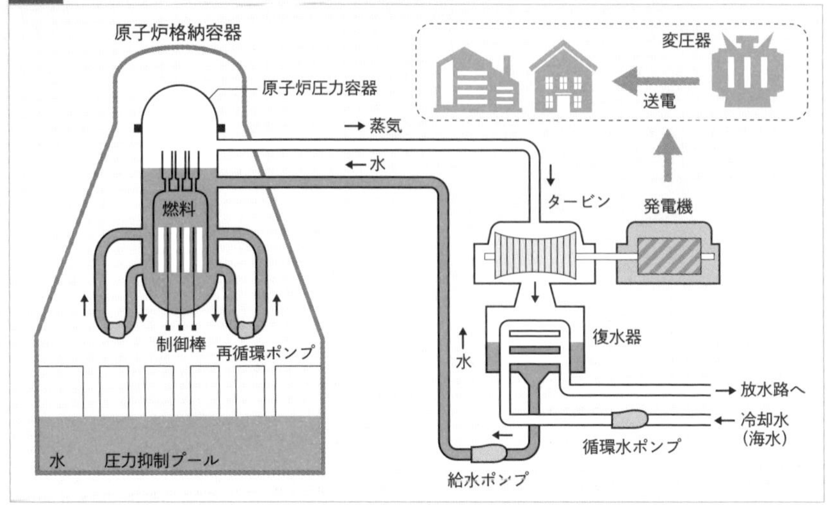

図8 加圧水型炉（PWR）原子力発電のしくみ

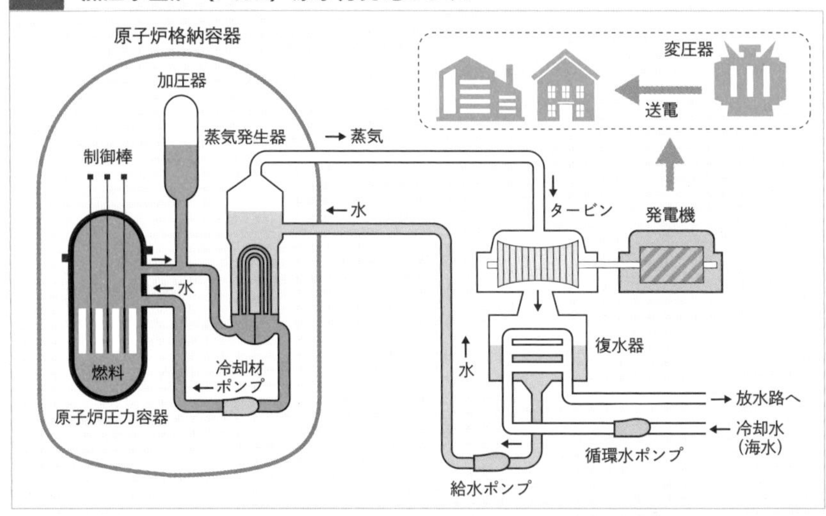

出所：原子力・エネルギー図面集2015

水力、風力、木質バイオマス、地熱、波力、海洋温度差発電などがある。地球温暖化の原因となる二酸化炭素（CO_2）を発生させる火力発電の代替として期待されている。

日本では、2003年4月に施行された「電気事業者による新エネルギー等の利用に関する特別措置法」（RPS法）に基づくRPS制度や、2009年11月からスタートした余剰電力買取制度などにより、再生可能エネルギーの導入が徐々に拡大していたが、高価格・長期間の買い取りを電気事業者に義務付けた**FIT(固定価格買取制度)**が2012年7月にスタートしてからは、太陽光発電を中心に急速な拡大を続けている。しかし変動性電源である太陽光や風力が増加すると電力品質に悪影響があるため、それに対応する発電所の調整、つまり電力系統の制御が複雑化する。その解決のため発電側だけでなく需要側も制御するような電力系統制御におけるスマートグリッド技術の導入が期待されている。またFITにおける賦課金の増加による電気料金上昇も問題視されている。

日本版コネクト＆マネージ

にほんばんこねくとあんどまねーじ

既存の系統の運用を変更することで再生可能エネルギーの接続量を増やす取り組みの総称。3つの取り組みで構成される。

❶想定潮流の合理化

送配電事業者は、系統の潮流を想定し空き容量を算定するが、接続されている電源が全て最大出力で稼働するとは限らない。こうした実情を踏まえつつ、潮流想定の精度向上を図り、増えた空き容量に応じて再生可能エネルギーの接続量を拡大させる取り組み。2018年4月から統一した算定ルールによって全国で適用されている。

❷N－1電制

送電線などの電力設備は、数ある設備のうち1台が故障しても、供給に支障を来さないような設計思想が取り入れられている。送電線の場合、落雷などにより一定の頻度で故障が起きる。そのため、多くが2回線以上で構成されている。事故・故障に備え、送電容量は1回線分程度で算定しているが、これを2回線分まで拡大し、故障時には電源を制御・出力抑制（電制）することで既存設備を有効活用する方法。設備が健全な際には2回線分を使用可能な容量としてカウントすることが可能になる。

❸ノンファーム型接続

系統に接続している発電設備は常に送変電設備の容量を使い切るわけではない。需要や気象条件によって稼働するためだ。そのため時間帯や季節、気象条件によって送電線に空き容量が生じる。その容量をうまく活用しようとする取り組み。ただし、「空いている容量の範囲」での接続・稼働が条件。系統に混雑が発生し「空き容量」がない場合はノンファーム型接続の電源に対しては出力制御が行われる。

電力需給

電気は性質上、ためることが難しいため、常に電力消費量（電力需要）に合わせて発電（供給）しています。気象条件によって出力が変動する太陽光などの再生可能エネルギーの普及が進むにつれ、需要と供給を一致させるのは難しさを増しています。

従来は発電・送電・販売を一体で担っていた電力会社（一般電気事業者）が、電源の特性に合わせて、最もコストが安くなるように組み合わせ、運用していました。どの時間帯にも必要な需要は発電コストが安い原子力や石炭火力、水力、時間帯によって変わる需要は、発電量の変動が比較的容易なガス火力、ピーク時間帯は機動性の高い石油火力や揚水式水力などを利用するのが一般的でした。

図9　一日の電力需要と電源構成の今昔

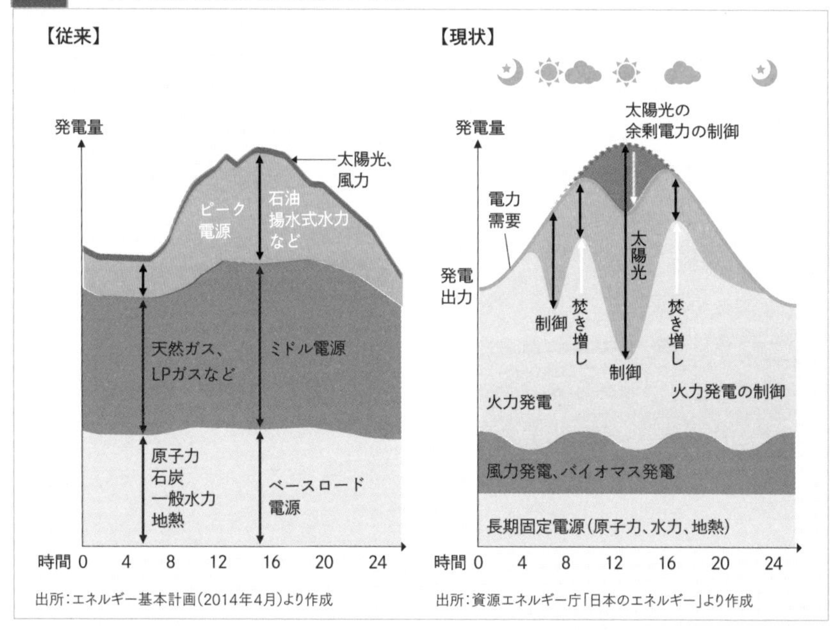

一方、太陽光が普及拡大したことで、従来の運用は大きく変わりました。太陽光の発電量が多い場合、火力発電の出力を絞り込むとともに、揚水式水力をくみ上げる動力として活用するなどして余剰電力を吸収。需給バランスを維持しています。それでも、年末年始や大型連休など、供給が需要を上回りかねない場合には、太陽光を含む再エネにも出力抑制を行う必要があります。

電力需給のバランスが崩れると大停電につながる可能性があります。東日本大震災後に東京電力の供給エリアで実施された計画停電は、多くの発電所が震災被害を受けたために電力需要に対し発電量が足りないことが明らかになり、需要を抑制しないと大停電が発生することが予測されたために実施されました。実際、北海道では2018年9月に起きた北海道胆振東部地震の影響を受けた主力火力発電所の停止を契機に、需給バランスが大きく崩れ、離島を除く道内全域がブラックアウトに至りました。

◆

最大電力

さいだいでんりょく

電気は季節や曜日、時間帯などにより消費量が大きく異なるが、ある期間（日、月、年）の中でもっとも多く使用した電力のこと。特に暑さのピークとなる夏季7～9月にかけての、午後2～3時頃に電気の消費量が年間で最大となるケースが多い（北海道を除く）。この時期は工場などの操業に加えて、夏の暑さのために家庭や事務所などでの冷房需要が高まる。

日電力量

にちでんりょくりょう

1日24時間に使用された総電力量を指す。電力需要は「景気と気温と天気」という3つの要素に大きく影響される。中でも気温の影響が大きく、夏季には気温の上昇によりエアコンなどの冷房需要が増えるため、多くの地域で年間の日電力量のピークが発生する。なお、北海道では、暖房需要が大きいことから、年間の日電力量のピークは冬季に発生し、東北や北陸については冷房需要と暖房需要が同程度であることから、夏季・冬季いずれにおいても発生することがある。

負荷曲線

ふかきょくせん

1年365日、24時間絶えず変化する電力需要（電気事業者側から見ると負荷）の変化を表す曲線。ロードカーブともいう。

図9は夏の代表的な一日の負荷曲線。一日の始まりとともに電力の使用量は正午まで急激に増え続け、昼休みに減少した後、午後1時から再び上昇、ピークに達する。このピーク時の電力使用量を一日の最大電力という。夕刻にかけて、しだいに使用量が減り、深夜から早朝にかけては一日のうちで最も電力需要が低くなる。

ピークカットとピークシフト

ぴーくかっととぴーくしふと

電力需要がピークに達する時間帯の電力の使用量について、単純に減少させることをピークカットと呼び、その時間帯に使用する予定だった電力を電力需要が低い時間帯に使用することをピークシフトという。これらにより、電力負荷を平準化することができる。

電力はためることが難しいことから、需要に合わせて発電する必要がある。そのため、発電設備は年間の最大電力に合わせて用意されている。しかし年間でいえば数日、数時間の最大電力に合わせて発電設備をつくることは非効率であるため、ピークカットやピークシフトの取り組みが行われてきた。

東日本大震災後は、発電設備への被害や原子力発電所の長期停止により生じた夏冬の需要ピーク時における電力不足対策として、これらの取り組みが強化されている。

カーボンニュートラル宣言とエネルギー基本計画

2020年10月、菅義偉首相（当時）が「2050年カーボンニュートラル」を宣言しました。温室効果ガスの排出量を2050年までに実質ゼロにするという高い目標です。さらに、2030年度の温室効果ガス排出量を2013年度比で46％削減する目標も打ち出しました。2021年10月に閣議決定された第6次エネルギー基本計画には、この政府方針と整合するような数値目標と政策が盛り込まれました。

◆

第6次エネルギー基本計画

だいろくじえねるぎーきほんけいかく

エネルギー政策基本法に基づき政府が定めるもので、おおむね3年ごとに見直されている。2021年10月に閣議決定された第6次計画は、2050年カーボンニュートラル宣言、2030年度の温室効果ガス排出46％削減の実現に向けた道筋を示すことに重きを置いた。

2050年カーボンニュートラル実現に向けた課題と対応では、非化石電源によるエネルギー供給拡大の重要性を強調。再生可能エネルギーは「主力電源」として最大限の導入に取り組み、水素やCCUS（二酸化炭素回収・貯留・利用）については社会実装を進めると明記。原子力については新増設・リプレースといった文言こそ入らなかったものの、「必要な規模を持続的に活用していく」と表現した。

2030年度の発電電力量に占めるエネルギーミックスは①再エネ＝36～38％（前回計画22～24％）②原子力＝20～22％（同20～22％）③LNG火力＝20％（同27％程度）④石炭火力＝19％（同26％程度）⑤石油火力等＝2％（同3％程度）⑥水素・アンモニア＝1％（同0％）――と描いた（図10）。非化石電源である再エネ、原子力、水素・アンモニアが57～61％を占める構成と見込んでいる。

エネルギーミックスを巡る議論のプロセスは従来、導入施策を踏まえた電源ごとの積み上げ方式だったが、今回の計画では「50年カーボン

図10 2030年度におけるエネルギーミックス

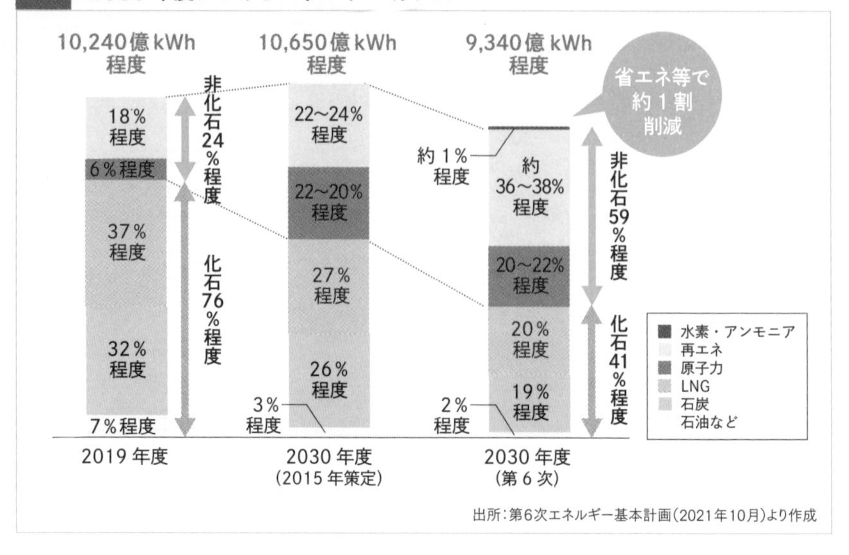

出所:第6次エネルギー基本計画(2021年10月)より作成

ニュートラル」「30年度46%削減」というゴールに目標をそろえる形で進められた。そのため、とりわけ省エネと再エネはかなり野心的な目標となっている。

グリーン成長戦略

ぐりーんせいちょうせんりゃく

カーボンニュートラルを実現する上での方向性を示すため、政府が2021年6月に公表したのが「2050年カーボンニュートラルに伴うグリーン成長戦略」。民間企業の脱炭素に向けた投資を引き出すため、成長が期待される14の産業分野を対象に現状と課題を踏まえた今後の取り組み、社会実装までの工程表を示している。14分野のうち、エネルギー関連産業では①洋上風力・太陽光・地熱産業②水素・燃料アンモニア産業③次世代熱エネルギー産業④原子力産業——が挙げられている。

クリーンエネルギー戦略

くりーんえねるぎーせんりゃく

総合資源エネルギー調査会（経済産業相の諮問機関）と産業構造審議会（同）の合同会合で検討が進められ、2022年5月に中間整理が取りまとめられた。2050年カーボンニュートラルや「2030年度46%削減」という目標に向けて、需要サイドのエネルギー転換、クリーンエネルギー中心の経済・社会、産業構造の転換、地域・くらしの脱炭素化につながる政策対応を整理した内容。

ロシアによるウクライナ侵攻や、2022年3月の電力需給逼迫を踏まえ、エネルギー安全保障の確保にも力点を置いた。また、「エネルギーを起点とした産業のGX（グリーントランスフォーメーション）」の重要性を打ち出し、水素・アンモニアや洋上風力、蓄電池といった成長分野において、投資予見性を確保し、大規模な投資を引き出す方針を示している。

GX実現に向けた基本方針

じーえっくすじつげんにむけたきほんほうしん

ロシアによるウクライナ侵攻後、国内外のエネルギー事情は激変した。その変化に対応したエネルギー・環境政策を立てるため、首相官邸主導のGX実行会議での検討とパブリックコメントを経て、2023年2月に閣議決定された。

基本方針は①エネルギー安定供給の確保を大前提としたGX（グリーントランスフォーメーション）の取り組み②成長志向型カーボンプライシング構想の実現――を柱とする。①については再生可能エネルギーの主力電源化に必要な電力系統整備や、原子力発電所の運転期間について60年超運転を可能にする仕組みの導入などが掲げられた。②については、今後10年間で20兆円規模の先行投資を行うため、新たな国債「GX経済移行債」の発行を明記。償還財源を確保するため排出量取引制度、炭素に対する賦課金を導入することを盛り込んでいる。

カーボンプライシングと既存のエネルギー関係諸税

かーぼんぷらいしんぐと
きぞんのえねるぎーかんけいしょぜい

排出量取引や炭素税とは別に、エネルギーには様々な税が課されている。化石燃料に対しては、石油石炭税（一部は地球温暖化対策税）や揮発油税・地方揮発油税、石油ガス税、軽油引取税などが既に存在する。税制ではないが、再エネ賦課金も電気代に上乗せされて消費者が負担している。

政府は排出量取引制度を2026年度に稼働させ、2033年度から発電事業者を対象とした有償オークションを導入する予定。炭素に対する賦課金は2028年度の導入を目指す。これらのタイミングについては、GXの進展による石油石炭税の負担額減少や、再エネ賦課金の負担減少を見込んで設定したとしている。

非化石価値取引

ひかせきかちとりひき

エネルギー供給構造高度化法に基づき小売電気事業者に課せられる非

化石電源比率44％以上という目標達成や、「RE100」のように、事業活動で消費するエネルギーを100％再エネで調達したい需要家ニーズに対応するため、非化石証書は相対取引か市場での取引を通じて調達できる。

非化石証書には①FIT非化石証書②非FIT非化石証書（再エネ指定）③非FIT非化石証書（再エネ指定なし）――の3種類があり、①については日本卸電力取引所（JEPX）の「再エネ価値取引市場」、②と③については「高度化法義務達成市場」で取引されている。

再エネ価値取引市場で取引される証書は、需要家も購入することが可能。由来となる電源種や発電所所在地といった属性情報が付されているため、RE100に活用することができる。一方、高度化法義務達成市場では、電源種などの属性情報が付与される②と、そうした情報がない③に分かれる。いずれも売り手は発電事業者、買い手は小売電気事業者で、高度化法の非化石電源比率目標の達成に活用できる。直近の取引（2023年2月）をみると、買い手側の入札量が大幅に増加したのに対し、売り入札は限定的。約定価格は上限の1.3円／kWhに張り付いた。市場に流通する証書不足で高度化法の目標を達成できない可能性が出てきたため、経済産業省は配慮措置を講じる方針を示している。

図11 非化石証書の種類と内容（2023年3月末現在）

	再エネ価値取引市場	高度化法義務達成市場	
証書等	FIT非化石証書	非FIT非化石証書（再エネ指定）	非FIT非化石証書（指定なし）
対象	FIT電源（太陽光、風力、小水力、バイオマス、地熱など）	非FIT再エネ電源（大型水力、卒FIT電源など）	非FIT非化石電源（原子力、ごみ発電、今後、水素等も導入検討）
市場	JEPX	JEPX	JEPX
売り手	電力広域的運営推進機関（OCCTO）	発電事業者	発電事業者
買い手	小売電気事業者、需要家、仲介業者	小売電気事業者	小売電気事業者
最低価格	0.3円／kWh	0.6円／kWh	0.6円／kWh
最高価格	4.0円／kWh	1.3円／kWh	1.3円／kWh
取引形態	市場取引*	市場取引**及び相対取引	市場取引**及び相対取引
開始時期	2018年 5月～（買い手は小売電気事業者のみ） 2021年 11月～（買い手拡大）	2021年8月～	
入札回数	年4回	年4回	

*市場取引における価格決定方式はマルチプライスオークション方式

**市場取引における価格決定方式はシングルプライスオークション方式

出所：経済産業省資料より電気新聞作成

電力システム改革関連法

電力システム改革に合わせ、電気事業法が段階的に改正されてきました。脱炭素の潮流やレジリエンス強化など、電気事業を取り巻く社会的な要請が多様化する中、電気事業法以外でも多くの法制度が整備されてきています。2023年の通常国会には、新たな国債「GX経済移行債」や排出量取引制度創設などを盛り込んだGX推進法、原子力発電所の運転期間見直しなどを規定したGX脱炭素電源法が提出されました。

◆

エネルギー供給強靭化法

えねるぎーきょうきゅうきょうじんかほう

正式名称は「強靭かつ持続可能な電気供給体制の確立を図るための電気事業法等の一部を改正する法律」。電気事業法とFIT法（再生可能エネルギー特別措置法）などをまとめて改正するもの。2020年6月に成立した。

同法は①再エネ電源のFITからFIPへの移行②託送料金への収入上限（レベニューキャップ）制度導入③自然災害時の対応強化に向けた連携体制強化の措置――が柱となっている。

エネルギー供給構造高度化法

えねるぎーきょうきゅうこうぞうこうどかほう

正式名称は「エネルギー供給事業者による非化石エネルギー源の利用及び化石エネルギー原料の有効な利用の促進に関する法律」。電力やガス、石油といったエネルギー事業者に対し、再生可能エネルギーや原子力などの非化石エネルギーの利用を促す措置を規定している。電気事業者に対しては2030年度における非化石電源比率を44％以上とする目標を課している。

高度化法は2022年に改正され、水素やアンモニアといった火力燃料、CCS（二酸化炭素回収・貯留）付き火力発電も同法上の非化石エネルギーに位置付けられた。

FIT法

ふぃっとほう

正式名称は「再生可能エネルギー電気の利用の促進に関する特別措置

法」で、2009年に成立、2012年7月に施行された。同法に基づく再生可能エネルギーの固定価格買取制度（FIT）によって、太陽光や風力発電は急増。買い取り費用は賦課金として電気料金に上乗せされ、全ての電力消費者が負担している。2022年度の国民負担は総額約2兆7,000億円と算定されている。

一方、FITを追い風にした再エネ開発は、国民負担の増加だけでなく、乱開発という問題も招いた。そこで2023年の通常国会で成立したGX脱炭素電源法では、再エネの事業規律を規定。関連法令に違反した再エネ事業者に対し、既に支払った再エネ賦課金の返還命令を出せる規定を盛り込んだ。

再エネ海域利用法

さいえねかいいきりようほう

正式名称は「海洋再生可能エネルギー発電設備の整備に係る海域の利用の促進に関する法律」で、2019年4月に施行された。洋上風力の開発を促進するのが目的。

同法に基づき政府は、洋上風力発電事業を進める「促進区域」を指定したり、先行利用者と調整するための協議会を設けたりできるほか、「促進区域」における発電事業者を公募によって選定する仕組みが規定された。「促進区域」での事業者選定は2021年末に第1弾の入札結果が公表され、秋田県由利本荘市沖など対象3海域全てを三菱商事系が落札した。

GX脱炭素電源法

じーえっくすだつたんそでんげんほう

正式名称は「脱炭素社会の実現に向けた電気供給体制の確立を図るための電気事業法等の一部を改正する法律」で、原子炉等規制法、電気事業法、原子力基本法、FIT法、再処理法の5法改正を束ねた法律。2023年5月に成立した。目玉は、原子力発電所の運転期間に関する規定を原子炉等規制法から電気事業法に移管したことだ。

東京電力福島第一原子力発電所事故後に改正された原子炉等規制法には、原子力発電所の運転期間を「営業運転開始から40年目」までと規定。認可を受ければ1回に限り「最長20年」の延長を認めた。運転期間に関する規定を電気事業法に移管。「40年＋20年」の最長60年から、審査によって停止した期間などを除外することで、実質60年超運転を可能にした。原子力基本法では「原子力利用の価値」を明確化したほか、再処理法では廃炉費用の外部拠出方式導入を規定した。

改正 FIT 法では、再生可能エネルギーの導入拡大に必要な電力系統整備を後押しするため、海底直流送電線のような巨大プロジェクトの初期費用を支援する枠組みを整備するなどした。

GX 推進法

じーえっくすすいしんほう

正式名称は「脱炭素成長型経済構造への円滑な移行の推進に関する法律」。2023 年 5 月に成立した。2023 年度からの 10 年間で 20 兆円規模の「GX 経済移行債」を発行することや、炭素に対する賦課金と排出量取引制度に基づく特定事業者負担を移行債の償還財源にすることなどを規定した。

炭素に対する賦課金は 2028 年度に導入。化石燃料の輸入事業者に対し、二酸化炭素（CO_2）の量に応じた賦課金を徴収する。排出量取引制度は 2026 年度に導入。発電事業者に対し一部有償で CO_2 排出枠を割り当て、その量に応じた特定事業者負担金を徴収する。

炭素に対する賦課金の徴収や排出量取引制度の運営主体として、GX 推進機構の設置も盛り込んだ。

執筆者

はじめに

山内 弘隆……武蔵野大学経営学部経営学科特任教授

第1章

西村 陽……大阪大学大学院工学研究科招聘教授

第2章

桑原 鉄也……中央電力 エネルギー企画本部長
阪本 周一……東急 インフラ事業部主幹
西村 陽……大阪大学大学院工学研究科招聘教授
戸田 直樹……東京電力ホールディングス 経営技術戦略研究所 チーフエコノミスト
丸山 真弘……電力中央研究所社会経済研究所 研究推進マネージャー 参事

第3章

松尾 豪……エネルギー経済社会研究所 代表取締役

第4章

中島 みき……国際環境経済研究所 主席研究員
山田 竜也……日立製作所 エネルギー事業統括本部エネルギー経営戦略本部担当本部長

第5章

西村 陽……大阪大学大学院工学研究科招聘教授
平木 真野花……関西電力 ソリューション本部開発部門リソースアグリゲーション事業グループ課長
阪本 周一……東急 インフラ事業部主幹
山田 竜也……日立製作所 エネルギー事業統括本部エネルギー経営戦略本部担当本部長

第6章

竹内 純子……国際環境経済研究所 理事・主席研究員、東北大学特任教授(客員)、
U3innovation合同会社 共同代表
中島 みき……国際環境経済研究所 主席研究員
服部 徹……電力中央研究所社会経済研究所 副所長・副研究参事
岡村 修……電気事業連合会 理事・事務局長代理

第7章

小笠原 潤一……日本エネルギー経済研究所 研究理事

電力改革トランジション
再構築への論点

2023年6月18日　初版第1刷発行

編著者　公益事業学会 政策研究会
発行者　間庭 正弘
発行所　一般社団法人日本電気協会新聞部
〒100-0006　東京都千代田区有楽町1-7-1
[TEL] 03-3211-1555 [FAX] 03-3212-6155
https://www.denkishimbun.com
印刷・製本　音羽印刷株式会社
ブックデザイン　志岐デザイン事務所

ISBN 978-4-910909-06-6 C2500